改变人生的一句话：
笑泪交织的幸福语录

［台湾］简 大为 × 编著

海天出版社（中国·深圳）

图书在版编目（CIP）数据

改变人生的一句话：笑泪交织的幸福语录 / 简大为编著. — 深圳：海天出版社，2015.10
（名家心灵小语系列）
ISBN 978-7-5507-1329-1

Ⅰ. ①改… Ⅱ. ①简… Ⅲ. ①人生哲学—通俗读物 Ⅳ. ①B821-49

中国版本图书馆CIP数据核字（2015）第052586号

图字：19-2015-160号

本书中文繁体字版本由城邦文化事业股份有限公司电脑人文化/创意市集在台湾出版，今授权深圳市海天出版社有限责任公司在中国大陆地区出版其中文简体字平装本版本。该出版权受法律保护，未经书面同意，任何机构与个人不得以任何形式进行复制、转载。

项目合作：锐拓传媒copyright@rightol.com

改变人生的一句话：笑泪交织的幸福语录
Gaibian Rensheng De Yijuhua：Xiao Lei Jiaozhi De Xingfu Yulu

出 品 人	聂雄前
责任编辑	林凌珠 许全军
责任校对	陈少扬
责任技编	梁立新
装帧设计	知行格致

出版发行	海天出版社
地　　址	深圳市彩田南路海天综合大厦7-8层（518033）
网　　址	http：//www.htph.com.cn
订购电话	0755-83460202（批发）　83460239（邮购）
设计制作	深圳市知行格致文化传播有限公司　Tel：0755-83464427
印　　刷	深圳市新联美术印刷有限公司
开　　本	889mm×1194mm 1/32
印　　张	6.75
字　　数	95千字
版　　次	2015年10月第1版
印　　次	2015年10月第1次
印　　数	1-4000册
定　　价	35.00元

海天版图书版权所有，侵权必究。
海天版图书凡有印装质量问题，请随时向承印厂调换。

目录

CHAPTER 1
决定幸福的关键：调整心态，转换想法

留意身边幸福 / 002

态度决定人生 / 004

知足常乐 / 006

豁达看世事 / 008

感恩最能幸福 / 010

用美丰富生活 / 012

幸福不必强求 / 014

旧的不去，新的不来 / 016

珍惜幸福 / 018

不幸凸显幸福 / 020

幸福靠自己 / 022

信心就是力量 / 024

保持年轻有秘诀 / 026

停止过度担忧 / 028

聪明难保幸福 / 030

乐观向前 / 032

欣赏美是青春源泉 / 034

笑就能喜乐 / 036

生命由自己开创 / 038

不过度期望 / 040

勇于做自己 / 042

幸福是自己的 / 044

幸福会再来 / 046

性格决定命运 / 048

CHAPTER 2
幸福的必备条件：订下目标，积极行动

种下幸福果实 / 052

在实践中成长 / 054

目标要够高 / 056

要幸福得有决心 / 058

说出心中所想 / 060

行动才有希望 / 062

顺其自然 / 064

最好的副产品 / 066

立刻改变 / 068

勇于作战 / 070

把握当下 / 072

鞭策自己 / 074

播下幸福之种 / 076

金钱不是全部 / 078

期待幸福 / 080

磨难隐藏祝福 / 082

秉持热情做到底 / 084

每天都是一生 / 086

接纳生命的一切 / 088

一成看人,九成靠己 / 090

悲喜取决于己 / 092

自己找出路 / 094

分享幸福会更幸福 / 096

常怀希望 / 098

CHAPTER 3
幸福的实现过程：活在当下，知足常乐

多干活，少抱怨 / 102

人要健康，心要健忘 / 104

无债一身轻 / 106

享乐要趁早 / 108

工作与玩乐都认真 / 110

量入为出 / 112

拓展兴趣，保持善意 / 114

简单就是好 / 116

奉献的喜乐最真 / 118

不要盲从 / 120

放下白日梦 / 122

以做自己为乐 / 124

笑口常开 / 126

阅读解千忧 / 128

幸福藏在日常琐事里 / 130

计算喜悦 / 132

细水长流 / 134

踏实的幸福 / 136

丰富胜过长久 / 138

活得可敬 / 140

自然的疗愈 / 142

CHAPTER 4
幸福的最美境界：享受爱情，投资婚姻

幸福的氛围 / 146

爱可以弥补欠缺 / 148

爱使人年轻 / 150

释放爱的能量 / 152

被爱最幸福 / 154

用爱对待不完美 / 156

完美的一对 / 158

婚姻有赖妥协 / 160

各退一步 / 162

拥有共同目标 / 164

缩小自我，成就融和 / 166

婚前要谨慎，婚后要宽大 / 168

爱要及时说出来 / 170

每天重新经营关系 / 172

简单的幸福 / 174

投资婚姻 / 176

付出才能拥有 / 178

CHAPTER 5
幸福的最大收获：珍惜亲情，维系友情

爱你的家人 / 182

和乐的幸福 / 184

尊重家人 / 186

笑容增加亲密 / 188

拥有朋友的奇效 / 190

主动交友 / 192

朋友贵在知心 / 194

患难见真情 / 196

用心交友 / 198

坚定维持友谊 / 200

CHAPTER 1

决定幸福的关键：
调整心态，转换想法

要想获得幸福，唯有以健全的心态靠自己努力去争取。别只是浑浑噩噩地上下班，多留意与关心身旁美的事物，幸福感就会油然而生。

如果对于任何来自他人的帮助或施予，无论是大是小，都能抱感谢之心的话，生活中自然就事事喜乐、事事幸福了。

留意身边幸福

"当一扇幸福之门关上时,另一扇就会开启。但我们却常盯着那扇关上的门,而看不到另一扇为我们开启的门。"

——海伦·凯勒

"When one door of happiness closes, another opens; but often we look so long at the closed door that we do not see the one which has been opened for us."

海伦·凯勒（1880～1968）是作家、教育家、演说家，因病从小又瞎又聋又哑，但她以坚强的意志创造生命奇迹，不但完成大学学业，更成为精通英、法、德、拉丁、希腊等语言的作家和教育家。她生平共有14部著作，包括《海伦·凯勒自传》(The Story of My Life)、《黑暗中的光》(Light in my Darkness)、《老师》(Teacher)等。

海伦·凯勒出生于美国阿拉巴马州北部，19个月大时生了大病发高烧，失去了视觉与听觉，后来又失去语言表达能力。父母因而事事顺着她，造成她刁蛮任性的性格，一直到6岁时安妮·苏利文（Anne Sullivan）老师来到她家，情况才有所转变。

苏利文本身也是半瞎，是马萨诸塞州一所盲人学校的老师。她把海伦隔离在一个小房间，教好海伦的坏脾气后，以冷水注于海伦手上，并写上"water"一词，成功教会海伦认字。10岁时，透过触碰别人讲话时的嘴形与振动，海伦终于克服万难学会说话。24岁那年，她努力完成学业，从雷克利夫学院（Radcliffe College）毕业。海伦热爱生活，会骑马、滑雪、下棋，还与苏利文老师同游39国。她在1915年成立非营利机构，以预防眼盲为宗旨。

海伦·凯勒因为生病导致视觉、听觉与说话能力受损，如果这是一扇关上的幸福之门，那么她日后在种种不便下活出自己，还成为激励群众的人物，正是她所发现的另一扇幸福之门。任何不好的事一发生，沮丧是正常的，但如果因而封闭自己，忘了去发掘生活中无处不在的其他幸福线索，那就很可惜了。

金句补给站 ▶ 只要面向阳光，便不会看到阴影。
——海伦·凯勒，身障教育家
"Keep your face to the sunshine and you cannot see a shadow."
— Helen Keller

态度决定人生

"你过得如何,不是以人生给了你什么来决定,而是以你给人生什么态度决定;不是以什么事发生在你身上决定,而是以你怎么看待这些事来决定。"

Kahlil Gibran

——纪伯伦

"Your living is determined not so much by what life brings to you as by the attitude you bring to life; not so much by what happens to you as by the way your mind looks at what happens."

纪伯伦（1883～1931）是黎巴嫩哲学家和艺术家。他早期的创作以小说为主，后期则以散文诗居多，此外还有诗歌、诗剧、文学评论、书信等。作品有散文诗集《先知》(The Prophet)、《沙与沫》(Sand and Foam)、《折断的翅膀》(The Broken Wings)等。

纪伯伦出生于黎巴嫩北部山区的一个农家，12岁时随母亲移居美国波士顿。14岁时，他只身回到贝鲁特（Beirut）学习阿拉伯文、法文以及绘画。1908年，他发表小说《叛逆的灵魂》(Spirits Rebellious)，因"戕害青年"等理由遭查禁焚毁，他不但遭教会除名，还被驱逐出境。之后他前往法国巴黎学习绘画和雕塑，结识法国艺术大师罗丹（François-Auguste-René Rodin）。当时罗丹就认为，纪伯伦将成为伟大的艺术家。纪伯伦一生共有七百多幅画作，具有浓厚的浪漫主义色彩。

纪伯伦的代表作是出版于1923年的《先知》一书，但初稿却是他在1898年15岁时就以阿拉伯文写下的。该书包括26篇散文诗，以寓言体方式借书中先知穆斯塔法（Almustafa）阐述对生命及人的热爱，主题涉及由生至死的许多事项与情感归属，展现生活中的智慧与哲理。《先知》在全球以二十余种语言流传，45年间就再版了80次，《芝加哥邮报》曾誉其为"小圣经"。

人生的幸福与否，和我们以什么态度去过生活有很大的关系。就算人生给了你不甚如意的先天条件，但只要态度积极乐观，不受这些限制所困，一样拥有享受幸福的权利；反之，如果人生给了你丰厚而多样的先天条件，但你的态度却是嗤之以鼻、不屑一顾，或是恣意糟蹋浪费这些条件的话，幸福反而不会有到来的一天。

金句补给站 ▶ 悲伤不过是两座花园间的一面墙。
——纪伯伦，黎巴嫩哲学家、艺术家
"Sadness is but a wall between two gardens."
— Kahlil Gibran

知足常乐

"人最大的财富就是满足于所拥有的些许东西。"

Plato

——柏拉图

"The greatest wealth is to live content with little."

柏拉图（前 427 ～ 前 347）是古希腊唯心主义哲学家和数学家、教育家，他创造辩证法，也是西方哲学史上将唯心主义哲学系统化的第一人。他曾师从苏格拉底（Socrates），又是亚里士多德（Aristotle）的老师，居承先启后地位。他有近四十篇对话体作品，包括《理想国》(Republic)、《会饮篇》(Symposium)、《政治家篇》(Statesman)、《法律篇》(Laws) 等。

柏拉图出生于雅典城邦衰落的时期，是名门望族出身，幼时即接受良好教育。据说他本名是 Aristocles，因体格强壮敦实、前额宽广，才有人叫他"柏拉图"（有"宽广"之意）。柏拉图认为，哲学家应该是政治家，政治家也应该是哲学家。他曾三度到西西里岛与叙拉古（Sarausa）统治者打交道，希望落实这种"哲学家政治"的理念，但都失败。

苏格拉底遭诬陷处死后，万念俱灰的柏拉图跑到埃及、西西里岛等地游历与考察，并在公元前 387 年回到雅典，创办欧洲史上第一所高等教育机构"柏拉图学园"（Plato's Academy）。该学园前后维持九百多年，直到东罗马帝国的查士丁尼大帝下令关闭为止。柏拉图曾亲自讲学达 40 年，直至去世。数学上，柏拉图受到毕达哥拉斯学派的影响，学园门口还挂着"不懂几何者不得入内"的牌子。

许多人虽然生活清贫，却能怡然自得，就是因为他们能满足于自己拥有的些许东西。如果动辄不满于自己所拥有，只一味想要更多、更好，烦恼自然就由此而生了。唯有知足，才能常乐。

金句补给站 ▶ 要看你还拥有什么，别看你失去了什么。
—— 罗伯特·舒勒，美国基督新教牧师
"Always look at what you have left. Never look at what you have lost."
— Robert H. Schuller

豁达看世事

"遭窃盗而一笑置之的人,从小偷身上偷回了一点东西。"

——威廉·莎士比亚

"The robbed that smiles, steals something from the thief."

莎士比亚（1564～1616）是英国文豪，他是诗人，也是少数同时精于喜剧与悲剧的剧作家，著有154首十四行诗、两部长诗，以及37部悲剧、喜剧、历史剧。其知名的"四大悲剧"是《哈姆雷特》(*Hamlet*)、《奥赛罗》(*Othello*)、《李尔王》(*King Lear*)以及《麦克白》(*Macbeth*)；"四大喜剧"则是《皆大欢喜》(*As You Like It*)、《驯悍记》(*The Taming of the Shrew*)、《仲夏夜之梦》(*A Midsummer Night's Dream*)以及《第十二夜》(*Twelfth Night*)。

莎士比亚出生于伦敦西北方一个小镇，后前往伦敦争取为剧团写剧本的机会。28岁左右，他完成第一部剧本《亨利六世》(*King Henry the Sixth*)而崭露头角。早期的莎翁多半撰写喜剧，对现实人生多赞美而少嘲讽，多肯定而少批评；晚期在他对人生有更多体悟后，处于动荡不安环境中的他，更长于写悲剧。

此句名言出自于莎士比亚四大悲剧之一的《奥赛罗》。该剧描述威尼斯一个年轻貌美的女子与年纪大她许多的将军奥赛罗相恋结婚，但奥赛罗的掌旗官却因未能升任副将而怀恨在心，他设法让老实的奥赛罗相信新婚夫人与副将有奸情，最后奥赛罗愤而杀妻，并在真相大白后羞愧自戕。讲这句话的，是该剧第一幕第三景中的威尼斯公爵。

被偷虽然很惨，但事情已经发生，报警也未必就能抓到小偷、追回财物。因此最好的办法，就是看开一点，当成这些东西暂时找不回来。别人可以偷走、抢走你的财物，但笑容可是他们永远偷不走的。遭窃盗还能一笑置之，这样的豁达，恐怕也只有让小偷傻眼吧！

> **金句补给站** ▶ 记着，幸福并非来自于你的身份或你拥有什么，而只来自于你怎么想。
> ——卡耐基，卡耐基训练机构创办人
> "Remember happiness doesn't depend upon who you are or what you have; it depends solely upon what you think."
> — Dale Carnegie

感恩最能幸福

"感谢的心愈浓,幸福感就成正比增加。"

Matsushita Konosuke

——松下幸之助

"感謝の心が高まれば高まるほど、それに正比例して幸福感が高まっていく。"

松下幸之助（1894～1989）是松下电器创办人，有"日本经营之神"的美誉，著有销售逾450万册的《道路无限宽广》等多部著作。

松下幸之助出生于靠近大阪的和歌山县，因为父亲在稻米期货市场投资失败而家境贫困，因此他小学没毕业就在11岁开始了学徒生涯。在大阪电灯公司服务7年后，24岁的松下幸之助于1918年在大阪市创办"松下电气器具制作所"，开发电池式脚踏车灯、灯泡插座等。他的聪明、朴实、善良以及做事脚踏实地的态度，让松下电气器具制作所从家庭式的小工厂，拓展成国际知名的电器大厂。第二次世界大战后的电视机、电冰箱、洗衣机三样重要家电产品，是松下急速成长的关键。

1946年，松下创办"PHP研究所"（PHP代表Peace、Happiness、Prosperity，即"和平""幸福""繁荣"），希望透过研究、出版与教育，透过繁荣为人类带来和平与幸福，至今仍是日本重要智库和文化教育机构。1979年，他又捐出个人财产100亿日圆，创办"松下政经塾"，以培养日本的21世纪政经领导人才为宗旨。在二十多年来的两百余位毕业生中，有近半数投身政界、推动变革。

如果对于任何来自他人的帮助或施予，无论是大是小，都能抱感谢之心的话，生活中自然就事事喜乐、事事幸福了。但如果视一切为理所当然，毫无感谢之心的话，别人给你再多的帮助，你还是会永远和幸福无缘。

金句补给站 ▶ 幸福是从上天给我们的天分中产生出来的，它并非存在于地位、名誉、财富之中。
—— 松下幸之助，松下电器创办人

"幸福とは、自分に与えられた天分のなかに生きてゆくことである。地位や名誉や財産にあるのではない。"
—— 松下幸之助（Matsushita Konosuke）

用美丰富生活

"我活得愈久,愈感觉人生的美。如果你愚蠢地忽视美,你很快会发现自己失去了美,你的生活会变得贫瘠。但如果你对美有所投资,它就会留驻于你生命中的每一天。"

——弗兰克·劳埃德·赖特

"The longer I live the more beautiful life becomes. If you foolishly ignore beauty, you will soon find yourself without it. Your life will be impoverished. But if you invest in beauty, it will remain with you all the days of your life."

赖特（1869～1959）是美国现代主义建筑师，也是纽约古根海姆美术馆（Guggenheim Museum）的设计者。他是建筑史上甚具影响力的大师级人物，提倡有机建筑，主张建筑与自然环境应该融合为一体，建筑应该美化环境，而非破坏环境。赖特一生共设计规划过八百多座建筑，以建造于宾州那斯维尔一座瀑布上方的"流水别墅"（Fallingwater）最让人赞叹，曾被美国建筑师协会票选为20世纪美国建筑的代表作。其他作品包括在关东大地震中安然无恙、根据日本地质设计的东京帝国大饭店以及芝加哥大学旁的草原式建筑罗比住宅（Robie House）等。

赖特出生于美国威斯康星州（Wisconsin），原本就读于威斯康星大学土木工程系，但因家庭变故而没有毕业，随后前往芝加哥，投入多位知名建筑师门下。他的许多建筑作品都是70岁之后才设计出来的，1963年落成的代表作"流水别墅"，是他67岁时的作品。他不单设计房子本身，连同周围的森林也一并考虑进去。赖特还一度为业主的妻子设计衣服，以便让住在房子里的人，可以与建筑也融为一体。赖特的另一个知名设计作品古根海姆美术馆，也与传统博物馆的架构全然不同。其展示空间是以六层楼高的螺旋坡道贯通，坡道环绕着开放的中央空间，上头还有玻璃圆顶。

生活中，我们需要许多元素加添活水，美的事物就是其一。无论是自己的美、居住环境的美，或是与美丽的大自然接触，都可以让人心境年轻，心情快乐。别只是当个浑浑噩噩上下班、假日抱头大睡的人，多留意与关心身旁美的事物，幸福感就会油然而生。

> 金句补给站 ▶ 你带到生活中的想法、天份、创造力，以及你所爱的那些人，都是你的青春之泉。一旦你学会开启这个源头，就能击败衰老。
> ——苏菲亚·罗兰，意大利影后
> "There is a fountain of youth: it is your mind, your talents, the creativity you bring to your life and the lives of people you love. When you learn to tap this source, you will truly have defeated age."
> —— Sophia Loren

幸福不必强求

"幸福像只蝴蝶,你追它,它就跑,你不追它,它就飞来停在你身上。"

——霍桑

"Happiness is a butterfly, which when pursued, is always just beyond your grasp, but which, if you will sit down quietly, may alight upon you."

霍桑（1804～1864）是19世纪美国小说家，也是19世纪后期美国浪漫主义的代表人物。他擅长渲染气氛、深入分析心理的手法。作品有成名作《红字》(The Scarlet Letter)、《七角楼》(The House of Seven Gables)等。

霍桑出生于美国马萨诸塞州，家里是新英格兰地区最早的清教徒家庭之一。他曾任海关关员，后因政权轮替而遭革职，他才重拾写作兴趣，写出描写"人性脆弱与悲伤"的代表作《红字》。《红字》出版于1850年，背景是17世纪中叶的北美殖民地新英格兰。故事内容描述嫁给年老医生的年轻女主角，因为原本约定要在美国会合的丈夫失联两年，寂寞之下与自己常前往告解的牧师通奸生女，但因为她不愿供出对方身份，而必须根据殖民地法律，穿着绣有深红色大字"A"（代表英文的"通奸"一词Adultery）的衣服入狱的故事。后来才出现却一直逼问实情的医师丈夫、原本不敢出面承认的牧师与捍卫情人、独自承担以及出狱后穿着那件衣服到处行善的女主角形成强烈对比。1954年诺贝尔文学奖得主海明威曾把此书列为"提高艺术水平的文学书目"。

霍桑的这句话很有意思，与中国一句俗话"有心栽花花不开，无心插柳柳成荫"很有异曲同工之妙。当我们刻意想着要追求幸福时，幸福反而离我们远去，跑得比谁都快；当我们不刻意求取幸福，只平心静气过好每一天时，幸福反而就会悄悄到访。以"得之我幸，不得我命"的想法面对幸福，或许才是能够掌握幸福的平实态度。

金句补给站 ▶ 人最大的幸福在于知道自己并不一定需要幸福。
—— 威廉·萨洛扬，美国短篇小说家
"The greatest happiness you can have is knowing that you do not necessarily require happiness."
— William Saroyan

旧的不去，新的不来

"幸福的回忆最容易阻碍你获得幸福。"

Andre Gide

——安德烈·纪德

"Nothing prevents happiness like the memory of happiness."

安德烈·纪德（1869～1951）是20世纪法国首席文学家，也是1947年诺贝尔文学奖得主。著有《人间食粮》(Fruits of the Earth)、《窄门》(Strait is the Gate)、《背德者》(The Immoralist)、《田园交响曲》(The Pastoral Symphony)、《伪币制造者》(The Counterfeiters)等。

纪德出生于法国巴黎，父亲是巴黎大学法学教授，在纪德11岁时去世。纪德很早就从事写作，1881年，12岁的他就出版了第一本小说《安德烈·华特的笔记本》(The Notebooks of Andre Walter)，21岁时与人创办《新法兰西评论》，对现代法国文学有不小影响。1897年的作品《人间食粮》是他年轻时游历北非和意大利后，以抒情方式揉合传统的短诗、颂歌、旋曲等形式所写的散文诗集。全书强调爱与热诚，排斥固定的事物。纪德1902年的小说《背德者》则探讨同性恋，据说纪德有同性恋倾向，婚姻因而有名无实。

在我们从出生至今的生涯里，或多或少都会有一些关于幸福的回忆。它可能是多年前在小学、中学、大学等学生时期的美好生活，也可能是几天前、上星期刚经历过的甜美记忆。回想这些幸福记忆并无不妥，但重点在于，我们不该沉溺于过去，而忘了正等着我们去追寻的幸福。对过去的幸福过于在乎，也可能让手边的简单幸福变得让人不屑一顾。所以纪德才会认为，幸福的回忆，最容易阻碍你获得幸福。最好的方式就是让过去的过去，不要做过多的留恋。毕竟现在与未来才是我们最能掌握、最能找到新幸福的地方。

> 金句补给站 ▶ 人们之所以难以幸福，是因为他们过于看重过去的美好，忽视现在的美好，对未来也缺乏足够决心所致。
>
> —— 马塞尔·帕尼奥尔，法国作家
>
> "The reason people find it so hard to be happy is that they always see the past better than it was, the present worse than it is, and the future less resolved than it will be."
>
> — Marcel Pagnol

珍惜幸福

"你所有的财产与幸福,都不过是偶然暂借你一段时日而已,下个小时可能就有人向你要回去。"

Arthur Schopenhauer
——亚瑟·叔本华

"Every possession and every happiness is but lent by chance for an uncertain time, and may therefore be demanded back the next hour."

叔本华（1788～1860）是德国哲学家，他认为人生来就是要受苦，一切生命在本质上就是痛苦，哲思以悲观、厌世、逃避为特点，另一德国哲学家尼采早年也曾受叔本华思想影响。叔本华著有《作为意志与表象的世界》（*The World as Will and Representation*）、《附录与补遗》（*Parerga and Paralipomena*）等作品。

叔本华出生于波兰的富裕家庭，5岁时因普鲁士入侵而举家逃到汉堡。他21岁时进入哥廷根大学（Gottingen University）医学院，但次年即转入哲学院，攻读康德、亚里士多德、柏拉图等人的学说，25岁又在耶拿大学取得哲学博士学位。叔本华认为人都是自私利己的，但在现实生活中却无法获得满足，因而使他产生"人生痛苦"的悲观哲学。经过五年酝酿，30岁的叔本华出版了代表作《作为意志与表象的世界》一书，歌德与尼采在看过后都赞不绝口。但当时他的作品并未获得太多注意，一直到他去世前一年该书第三次印刷，坊间才开始有较广泛的讨论。叔本华在本书中以生动的文笔，深入的想法与敏锐的观察，一语道破了人生的真相与宇宙的奥妙，使其成为哲学史上的巨著之一。

珍惜手上拥有的幸福，是再重要不过的道理，但许多人却只是知道而没有去做，一直到幸福失去了、离开了才后悔，但为时已晚。叔本华的概念很有趣，幸福或财富不过是有人"暂时借我们"而已，随时都可能要回去。如果能以这种踏实态度珍惜幸福，我们的每分每秒将会过得充实而快乐。

金句补给站 ▶ 幸福在手中时看来都微不足道，一旦你任它离去，你就会马上知道它多重要、多珍贵。

—— 高尔基，俄国小说家

"Happiness always looks small while you hold it in your hands, but let it go, and you learn at once how big and precious it is."

— Maxim Gorky

不幸凸显幸福

"有多少白天就有多少黑夜,一年下来二者差不多长。幸福人生不能没有黑暗,'幸福'一词若缺少'不幸'的平衡,就失去了它的意义。"

Carl Jung

——荣格

"There are as many nights as days, and the one is just as long as the other in the year's course. Even a happy life cannot be without a measure of darkness, and the word 'happy' would lose its meaning if it were not balanced by sadness."

荣格（1875～1961）是瑞士知名心理学和精神病学大师，他曾跟随过弗洛伊德，但在脱离弗洛伊德学派后，成为自创的"分析心理学"（Analytical Psychology）始祖。荣格把宗教、灵魂等弗洛伊德忽略的事项带入心理分析领域，主张人类有"集体潜意识"，宗教就是人类集体潜意识的反应。他的作品有《字词联想研究》（*Studies in Word Association*）、《人及其象征》（*Man and His Symbols*）、自传《回忆·梦·思考》（*Memories, Dreams, Reflections*）等。

荣格出生于瑞士，从小就相信自己有双重人格，一个是现代的瑞士公民，一个则是来自18世纪的古人。他取得瑞士巴塞尔（Basel）大学医学博士学位，后来结识弗洛伊德而成为朋友，但因理念不合又分道扬镳，于1913年自创"分析心理学"，有别于弗洛伊德的精神分析。荣格将心理能量由单纯的"性本能"，拓展到所有能促进个人创造理念的力量。弗洛伊德学派认为适应障碍是起源于人的幼年期，荣格则认为虽然"性"是影响行为的一大因素，但其他因素也扮演着同样重要或更重要的角色。

就像有"黑夜"才会相对有"白天"一样，"幸福"也是因为有"不幸"的存在，才有了比较的标准。正因为我们身处黑夜，才能够欢欣期待白天到来；正因为我们遭受不幸，才能满怀希望静候幸福降临。对那些目前过得不如意的人来说，荣格这句话，应该是最好的安慰。

金句补给站 ▶ 事事有其神奇处，黑暗与寂静处亦然。我学到无论自己身处何种环境，都要在当下感到满足。

—— 海伦·凯勒，身障教育家

"Everything has its wonders, even darkness and silence, and I learn, whatever state I may be in, therein to be content."

— Helen Keller

幸福靠自己

"没人能带给你幸福,除了你自己。"

Ralph Waldo Emerson

——爱默生

"Nothing can bring you happiness but yourself."

爱默生（1803～1882）是19世纪美国哲学家、作家、演说家、诗人和励志先驱，以博学多识著称，尤其擅长散文。他毕业于哈佛大学神学院，曾任牧师，也是超越主义（或称超验主义，Transcendentalism）代表人物，强调人的价值，主张人应该相信自己内心的想法、重视直觉、反抗权威。他的作品有《论自然》（*Nature*）、《论文集》（*Essays*）等。

爱默生出生于美国波士顿，家族自曾祖父起便是牧师。他8岁丧父，14岁就进入哈佛大学神学院就读。毕业后他短暂当过牧师，因不赞成教义而放弃神职，开始到处旅行与演说。1836年，33岁的他出版《论自然》一书，认为人与大自然密不可分，只要多与大自然接触取得和谐，就能快乐。隔年他又以《美国学人》（*The American Scholar*）为题发表演说，抨击拜金主义，强调人的价值，并号召国人发扬民族自尊心，不要一味追随外国学说，演说轰动一时。

爱默生是超越主义的首要倡导者，他认为人可以凭直觉认识真理，因此他反对威权、主张解放个性，只要人人倾听自己内心的声音，就可以超越教会的繁文缛节，借由自身的明心见性上达天听。

人的幸福不是由谁来给你，也不会自己从天上掉下来。就算有这样的好事，机率也是微乎其微的。要想获得幸福，唯有以健全的心态靠自己努力去争取。爱默生这句话虽短，却切中重点。

金句补给站 ▶ 要在自己身上找到幸福并不容易，但是在其他地方是绝对找不到的。
——阿格尼丝·里普利厄，美国散文家
"It is not easy to find happiness in ourselves, and it is not possible to find it elsewhere."
— Agnes Repplier

信心就是力量

"人常会成为自己相信会成为的人。如果我相信自己做不到,我就会做不到。但如果我相信自己做得到,我就有能力在原本可能做不到的状况下去做到。"

Mahatma Gandhi

——圣雄甘地

"Men often become what they believe themselves to be. If I believe I cannot do something, it makes me incapable of doing it. But when I believe I can, then I acquire the ability to do it even if I didn't have it in the beginning."

甘地（1869～1948）是印度国父，有"圣雄"（Mahatma）称号。他领导印度以和平方式脱离英国殖民统治，曾因此入狱十多次。他是英印谈判的主要人物，促成印度在1947年的独立。1948年，甘地不幸遭印度教激进分子刺杀身亡。

甘地出生于印度一个虔诚信奉印度教的家庭，崇尚仁爱、不杀生、素食、苦行等理念。他年轻时就对万物很有爱心，甚至爬上芒果树照顾芒果。他到英国学习法律，取得律师资格后，前往南非执业。由于当地对有色人种的歧视十分严重，身受其苦的他，因而挺身表达对这种不公平待遇的抗议，引来外界的关注与压力。在他的不断努力下，1914年，南非终于取消对亚裔人士的不公平政策。

1915年，甘地自南非回到印度。他深知印度不可能以武力取得独立，因此宣扬"真理的力量"，发起数次"非暴力不合作运动"，以绝食等不流血方式诉求理念，但屡遭镇压。第二次世界大战后，英国筋疲力竭，又害怕印度民族的解放势力，终于答应印度的独立要求。后人因而尊称甘地为印度国父。

许多人之所以得到幸福，并不是因为幸福一开始就在他们伸手可及之处，而是因为他们相信自己能够幸福，才在努力下做到的。人只要抱着"能够幸福"的信心，就有克服万难得到幸福的可能。如果一开始就缺乏信心，自认为没资格得到幸福，又凭什么让幸福自己来找你呢？

金句补给站 ▶ 奇迹会发生在相信它的人身上。
—— 伯纳德·布伦森，美国艺术评论家
"Miracles happen to those who believe in them."
— Bernard Berenson

保持年轻有秘诀

"信心使你年轻,疑惑使你变老;自信使你年轻,恐惧使你变老;希望使你年轻,绝望使你变老。"

Douglas MacArthur

——麦克阿瑟

"You are as young as your faith, as old as your doubt; as young as your self-confidence, as old as your fear; as young as your hope, as old as your despair."

麦克阿瑟（1880～1964）为美国退役五星上将，曾担任美国西点军校校长。第二次世界大战时担任西南太平洋区盟军最高统帅，曾采取知名的"跳岛战术"攻击日军。战后，他前往日本协助重建，但因指责白宫政策而遭美国总统杜鲁门解除一切职务。"老兵不死，他们只会逐渐凋零"（Old soldiers never die, they just fade away.），就是他在国会告别演说中所讲的名言。

麦克阿瑟出生于美国阿肯色州（Arkansas），23岁时以全班第一名的成绩毕业于美国西点军校。第一次世界大战时，他曾担任美国第42步兵师（彩虹师）参谋长，并曾赴法国参战。1930年，少将退役后，他又赴菲律宾担任陆军元帅，但在1941年第二次世界大战时，又获召回到部队，担任美国远东陆军总司令，后来成为西南太平洋区盟军最高统帅，于1944年晋升为五星上将。第二次世界大战后，麦克阿瑟以"驻日盟军最高司令"身份前往日本协助重建。除了审判战犯外，他还在日本发起改革，包括重新修订宪法、中止工业垄断、允许工人成立劳工联盟、推动妇女参政等。

无论男性或女性，能常葆年轻，都能让他们感到无上幸福。年轻的秘诀有很多，如麦克阿瑟所言，凡事能秉持信心，就不会因疑惑而变老；抱持自信，就不会因恐惧而变老；满怀希望，就不会因绝望而变老。只要换个想法，就容易避开这些使人变老的因子，透过精神与心灵上的丰足，而留住青春的脚步。

金句补给站 ▶ 没人会因为多活几年就变老。人们只会因为放弃理想变老。岁月使皮肤生皱，放弃兴趣使灵魂生皱。

—— 麦克阿瑟，美国知名军事将领

"Nobody grows old by merely living a number of years. People grow old only by deserting their ideals. Years may wrinkle the skin, but to give up interest wrinkles the soul."

— Douglas MacArthur

停止过度担忧

"幸福的唯一方法是停止担心超出你意志力范围的事情。"

Epictetus

——伊壁鸠鲁

"There is only one way to happiness and that is to cease worrying about things which are beyond the power of our will."

伊壁鸠鲁（前 341 ~ 前 270）是古希腊哲学家，属于斯多噶（Stoic）学派，提倡道德与理性的生活，他深信哲学的主要任务是帮助一般人在日常生活中面对每天实际的挑战，以及有效处理不可避免的重大损失、失望与悲痛。他仿效苏格拉底述而不作，只有弟子阿里安（Flavius Arrianus）以语录形式记录他的言论流传后世。

伊壁鸠鲁出生于小亚细亚的弗里吉亚（Phrygia，现为土耳其的一部分），原本是奴隶，主人是暴君尼禄（Nero）的部属。由于伊壁鸠鲁特别聪明，在主人许可下，他从学于斯多亚学派的哲学家，后来获得主人许他自由之身。罗马皇帝多米田（Domitan）放逐哲学家时，他移居至希腊，成立自己的哲学学校。著有《亚历山大远征记》（*Anabasis Alexandri*）的哲学家和历史学家阿里安就是他的弟子之一。伊壁鸠鲁曾说，"人不是被事情本身困扰，而是被自己对事情所抱持的看法困扰"（People are not disturbed by things, but by the view they take of them），相当富有哲理。

有些人常会小心过了头，连自己能力无法掌控的事情也一并担心，结果杞人忧天，反而把自己搞得头昏脑胀的。"小心驶得万年船"固然没错，但不必要的担心最好还是省省，如果成天脑子里占满了这些超出自己意志力范围的忧虑，又怎么会有多余空间留给幸福？

> 金句补给站 ▶ 事情本无好坏，一切全看你的想法。
> ——威廉·莎士比亚，英国文豪
> "There is nothing either good or bad but thinking makes it so."
> — William Shakespeare

聪明难保幸福

"据我所知，聪明人身上的幸福是很少见的。"

Ernest Hemingway

——海明威

"Happiness in intelligent people is the rarest thing I know."

海明威（1899～1961）是美国作家，擅长简洁叙事文体与描写人物对话，作品对20世纪小说影响深远，代表作《老人与海》（The Old Man and the Sea）曾让他获得普利策奖与诺贝尔文学奖。他还有《丧钟为谁而鸣》（For Whom the Bell Tolls）、《永别了，武器》（A Farewell to Arms）、《太阳照常升起》（The Sun Also Rises）等重要作品。

海明威出生于美国伊利诺伊州（Illinois），高中时曾是学校报纸与文学杂志的编辑。在担任报社驻欧记者期间，他向几位作家与诗人讨教过写作技巧，自此简炼明快、不浮夸滥情成为他重要的写作原则。

他的作品有不少内容来自他在两次世界大战以及西班牙内战时的体验，《永别了，武器》是战争爱情小说，描写第一次世界大战时意大利一位美国军医官与英国女看护逃到中立国瑞士的故事。《丧钟为谁而鸣》则是他在西班牙内战时三度以记者身份亲赴前线后的作品之一，以美国人参加西班牙反法西斯战争为题材。他的代表作《老人与海》则描写古巴渔夫在大海中搏命杀死大鱼，又和嗜血而来的鲨群奋战不懈的故事，讲的是人类不屈服和意志坚定的人生观。

一般人常以为人只要聪明、IQ高，就一定会一切顺利，轻易取得幸福。后来，大家才发现，智商只是让人成功、幸福的条件之一，并非全部。有出色的EQ（指个人控制自我情绪和调节人际关系的能力，由哈佛大学心理学家丹尼尔·戈尔曼提出），也是成功与幸福的关键。一个人太过聪明，遇事就容易反应过快，或是比较容易思考与算计过度。这样子，可能反而会把幸福愈推愈远，不可不慎。

金句补给站 ▶ 在体验到喜悦与悲伤前，我们早已选好要喜或要悲。
——纪伯伦，黎巴嫩哲学家、艺术家
"We choose our joys and sorrows long before we experience them."
— Kahlil Gibran

乐观向前

"悲观者眼中的绊脚石,是乐观者眼中的垫脚石。"

Eleanor Roosevelt

——埃莉诺·罗斯福

"A stumbling block to the pessimist is a stepping stone to the optimist."

埃莉诺·罗斯福（1884～1962）是美国第32届总统富兰克林·罗斯福（Franklin D. Roosevelt，即小罗斯福）的夫人，她也是外交家和社会活动家，曾任美国驻联合国代表、联合国人权委员会主席。她曾每周召开只限女记者参加的记者会，成为史上唯一有例行性记者会的第一夫人，也是史上第一个成为专栏作家的第一夫人，并著有回忆录。

埃莉诺出生于美国纽约，父亲是美国第26届总统西奥多·罗斯福的弟弟，21岁时与远房表兄小罗斯福结婚。在丈夫于1933年至1945年间担任美国总统时，她的角色相当活跃，曾协助小罗斯福推动"新政"，照顾穷人和劳工，提高妇女权益。

小罗斯福去世后，继任的总统杜鲁门任命埃莉诺为1946年新成立的联合国人权委员会代表。在开过一百多次会议，仔细分析各国宪法后，具有劳运和妇运背景的埃莉诺在1948年起草联合国《世界人权宣言》（U.N. Universal Declaration of Human Rights），宣告人权不专属于任何一个国家、种族或性别，而是地球上每个男女老幼应有的权利。这份宣言不仅有助于各国更重视人权，也成为许多新兴国家制宪时的重要参考。埃莉诺还有一句名言"莫让种族与性别成为自我成就的绊脚石"，鼓舞了许多美国有色人种与女性积极追求成就。

凡事遇到障碍，悲观者会认为它阻挡了自己的去路，觉得自己可能因而跌倒，必须就此打道回府；乐观者却能把腿往上一抬，踩着障碍前行，让它成为最好的垫脚石。乐观与悲观往往只在一念之间，却能带来完全不同的结果。看看那些活在幸福中的人，他们是否多为乐观之人，而几无悲观之人？

> **金句补给站** ▶ 乐观是一种通往成就的信念。缺少希望与信心，将一事无成。
> ——海伦·凯勒，身障教育家
> "Optimism is the faith that leads to achievement. Nothing can be done without hope and confidence."
> — Helen Keller

欣赏美是青春源泉

"能欣赏美好事物的人永不变老。"

——弗兰兹·卡夫卡

"Anyone who keeps the ability to see beauty never grows old."

卡夫卡（1883～1924）是捷克小说家，也是20世纪存在主义的先驱。他承继了陀思妥耶夫斯基（Dostoyevsky）等人的哲学思想，发展出独树一帜的文学风格。卡夫卡著有长篇小说《审判》（The Trial）、《失踪者》（Amerika）、《城堡》（The Castle）以及短篇小说《判决》（The Judgement）、《变形记》（The Metamorphosis，或译《蜕变》）、《地洞》（The Burrow）等。

卡夫卡出生于捷克布拉格的一个犹太商人家庭，18岁进入布拉格大学研习文学与法律，毕业后进入保险局任职，利用晚上写作。内容阴郁的作品《审判》描述的是"绝望的挣扎"，某个银行高级职员突然被两个陌生人告知已遭起诉，但他明察暗访下却完全无法得知自己犯了什么错。虽然他仍保持行动自由，也常上下班，但混乱而荒谬的审判让他精神上陷入了不自由。最后两个不明男子把他架到郊外，结束了他的生命。

卡夫卡最重要的代表作是1912年出版的《变形记》，描述一个推销员某天清晨起床，发现自己变成了一只丧失沟通能力、眼睛看出去一片灰蒙的大甲虫，只能关在自己房间里。家里人见人厌，父亲还拿苹果砸它。出于拖累家人的自责，最后它结束了自己的生命。

我们的身旁有许多美好事物，能停下脚步欣赏的人，往往就是心境年轻的人。如果生活中的美好事物已无法引起你的兴趣，你可能就是过度遭俗务缠身，因而无福享受的人了。小心，缺少一颗欣赏美好事物的心，你的心境可是会加速老化的。每天只有一点时间也无妨，抛开所有的俗事让自己沉静下来，欣赏与感受生活中的美，青春将会为你多停留。

> 金句补给站 ▶ 幸福常会从一扇你不知道自己已开启的门潜进来。
> ——约翰·巴里摩尔，美国老牌演员
> "Happiness often sneaks in through a door you didn't know you left open."
> —— John Barrymore

笑就能喜乐

"有时候喜乐是微笑的泉源,但有时候微笑也可以是喜乐的泉源。"

——一行禅师

"Sometimes your joy is the source of your smile, but sometimes your smile can be the source of your joy."

一行禅师（1926～）是越南僧侣和禅学大师，倡导"入世佛教"，擅长以说故事的方式阐述佛法。他以越南文和英文著有多部作品，包括《生生基督世世佛》(*Living Buddha, Living Christ*)、《正念的奇迹》(*The Miracle of Mindfulness*)、《观照的奇迹》(*The Sun My Heart*)、《见佛杀佛》(*Zen Keys*)、《当下自在》(*Being Peace*)、《你可以不怕死》(*No Death, No Fear*)、《你可以不生气》(*Anger*)等八十余册。

一行禅师出生于越南中部，16岁时出家为沙弥，后赴美研究并教学。越战时他展开佛教社会运动，既反战也救助战争受害者，后来被迫流亡。美国黑人民权领袖马丁·路德·金在1967年提名他角逐诺贝尔和平奖。

一行禅师提倡"当下净土"，意谓净土的实现，乃是当下一念的清净明觉。他说："净土就在当下，否则永不实现。"（Pure Land is Now or Never.）在《正念的奇迹》一书中，他提到"生活即是禅修"，生活中的正念不但让我们从醉生梦死的轮回中警醒，也让我们在行住坐卧间充满喜乐。续作《观照的奇迹》一书对正念的修行理论和方法做了更完整的推演，俨然是一本修行操练手册。《你可以不怕死》一书则认为死亡不是句点，可以透过深观修持的体悟超越死亡。

没有错，喜乐会让我们微笑，这是人的自然反应；但面对环境的不如意，微笑不也能带来喜乐吗？嘴角一旦上扬，心态就为之改变，人也就喜乐起来了。我们未必要等喜乐到来才能微笑，我们可以自己微笑、创造喜乐。

金句补给站 ▶ 史上最伟大的发现是，一个人的人生可以借由改变自己的态度而扭转。
——威廉·詹姆斯，美国心理学家
"The greatest discovery of any generation is that a human being can alter his life by altering his attitude."
—— William James

生命由自己开创

"生命没有义务给你你期待的东西。"

——玛格丽特·米切尔

"Life's under no obligation to give us what we expect."

米切尔（1900～1949）是美国女作家，她是电影《乱世佳人》的原著小说《飘》（Gone With the Wind）的作者。她在1936年出版以南北战争为背景的《飘》一书，创下一天内销售5万本，一年内销售150万本的好成绩，并于隔年获颁普利策奖及国家图书奖。米切尔本人也以5万美元卖出电影改编权，创下当时最高纪录。

　　米切尔出生于美国乔治亚州（Georgia）的亚特兰大，她的《飘》原本只是自己写着玩的，但完成时全书多达一千余页。该作品以美国内战时期的南部为背景，描述美丽而任性的女主角斯佳丽（Scarlett O'Hara）在战火下挣扎求生的故事。

　　1939年，改编自这部作品的电影《乱世佳人》上映，全片耗资400万美元，完成版本达四个半小时，上映版本也有三小时四十多分钟。当年有近1400位女演员参加试镜，前后更换三位导演，剧本也修改近20次。最后这部由克拉克·盖博（Clark Gable）、费雯丽（Vivien Leigh）主演的巨片获得13项奥斯卡提名，最后荣获最佳影片、女主角、女配角、导演、改编剧本、摄影、剪辑、美术设计等8项奖座，以及两座特别贡献奖。

　　许多人常会出于自己一直以来的顺遂，而误以为生命就应该是一切顺利的，自己想要什么就应该得到。但生命的逻辑并非如此简单，而是有起有落，有高有低。你想要什么，它没有义务就一定要提供你什么，甚至可能给你完全相反的东西。真正的生命是自己开创的，光是在原地等待的人，最后往往得不到自己想要的幸福。

> **金句补给站** ▶ 如果命运递给我们一颗柠檬，我们就努力挤出柠檬汁来。
> —— 卡耐基，卡耐基训练机构创办人
> "When fate hands us a lemon, let's try to make a lemonade."
> — Dale Carnegie

不过度期望

"寻求幸福是不幸福的主要原因之一。"

Eric Hoffer

——埃里克·霍弗

"The search for happiness is one of the chief sources of unhappiness."

霍弗（1902～1983）是美国作家和社会学家，一生没有上过学，知识全靠自学而来。他著有《狂热分子》(*The True Believer: Thoughts on the Nature of Mass Movements*)、《激情心灵状态》(*Passionate State of Mind*)、《变迁的磨难》(*The Ordeal of Change*)、《我们时代的脾性》(*The Temper of Our Time*)等十一部作品。1983年曾获当时美国总统里根颁发"总统自由奖章"。

霍弗出生于美国纽约，父母是德国移民。他5岁时就能读英文与德文，但7岁时因不明原因失明，却在15岁时又突然复明。害怕再度失明的他一有机会就阅读，培养出大量阅读的习惯。霍弗曾在餐厅打过工，当过流动农场散工，也曾参与掘金活动，珍珠港事变爆发后，他到旧金山当码头工人，一当就是25年，从中获得许多启发，尤其是有关中下层阶级的思维及社会思潮。

霍弗的代表作是1951年的《狂热分子》，被誉为社会科学领域的经典之作。书中提到"企图改造一个国家或整个世界的人，不可能单靠培养和利用不满情绪而成事……他们必须知道，如何在人们心中燃起希望，哪怕只是不切实际的希望"，试图从心理层面发掘群众的宗教与政治力量。

很多人会许下"我一定要幸福"的愿望，但幸福并非寻求就必然得到。如果因为追求幸福的期望过高，结果却不如自己预期，那么"想要找，却找不到"所导致的失落感，可能反而让人觉得不幸福了。没有人能保证幸福一定来，因此不如先看开一点，不去强求，等幸福一来，那种美妙的感觉将更为浓烈。

金句补给站 ▶ 最能获得幸福的人，不会是那些想直接找到它的人。
——伯特兰·罗素，英国数学家和哲学家
"Happiness is not best achieved by those who seek it directly."
— Bertrand Russell

勇于做自己

"你不需要任何人告诉你你是谁或你是怎样的人。你就是你!"

John Lennon

——约翰·列侬

"You don't need anybody to tell you who you are or what you are. You are what you are!"

约翰·列侬（1940～1980）是英国乐团披头士（The Beatles）主唱兼吉他手，也是该乐团的核心人物。披头士在 20 世纪 60 年代掀起全球音乐狂潮，不但造成第二次摇滚革命，也形成"披头士文化现象"。无论歌曲意涵还是服装、发型等流行文化元素，都对全球年轻人产生了莫大影响。列侬还曾自豪地说："我们简直比耶稣还受欢迎。"在 2002 年英国 BBC 所做的民调中，列侬获选为英国史上百大人物的第八名。

列侬出生于英国利物浦（Liverpool），5 岁时父母离异，从小由阿姨抚养长大。17 岁时他结识后来在披头士担任贝斯手的保罗·麦卡特尼（Paul McCartney），开始合作创作词曲。俩人又找来两位成员乔治·哈里森（George Harrison）与林戈·斯塔尔（Ringo Starr），在 1959 年组成披头士。第一张单曲《请取悦我》（Please Please Me）大卖后，1963 年，披头士的专辑《与披头士同行》（With the Beatles）销售达百万张，打破猫王纪录。1964 年披头士从英国红到美国，许多乐评家视该乐团为摇滚乐的代名词。1970 年，披头士在推出《随它去吧》（Let It Be）后宣布解散。列侬后来曾推出《想象》（Imagine）等个人专辑，其中诉说反战愿景的歌曲《想象》曾在美国公告牌排行榜上蝉联 14 周冠军。1980 年 12 月，列侬在纽约寓所外遭人连开 5 枪，其中 4 枪命中背部，送医后不治死亡。

许多人对于生活感到不满或不幸，常是因为受制于亲友或周遭其他人的观感，无法做自己。但如约翰·列侬所言，我们每个人就是自己，根本毋需任何人来告诉我们，我们是谁、我们该做什么。能勇于做自己、活出自己，才是幸福。

金句补给站 ▶ 我不会去管别人的称赞或责难。我只跟随自己的感觉。
——沃尔夫冈·阿玛多伊斯·莫扎特，奥地利古典音乐家
"I pay no attention whatever to anybody's praise or blame. I simply follow my own feelings."
— Wolfgang Amadeus Mozart

幸福是自己的

"真正幸福的人不是别人觉得你幸福,而是自己觉得幸福。"

Publilius Syrus

——西鲁斯

"The happy man is not he who seems thus to others, but who seems thus to himself."

西鲁斯（生卒年不详）是活跃于公元前 1 世纪的哑剧作家，他写的作品通常由自己来演，在凯撒大帝统治下的罗马颇受好评。西鲁斯出生于叙利亚，原本是奴隶，跟着主人前往罗马城。由于他生性聪颖机敏，主人才放他自由，让他受教育。

除自己写的剧作外，西鲁斯也以即兴表演知名，还曾在比赛中击败众多对手从凯撒大帝手中赢得大奖。他的作品目前只以句子的形式流传下来，多为抑扬顿挫与长短句式的格言。但随时间流转，许多流传下来的格言并非真的出自西鲁斯之手，而是掺入了一些其他人的句子，像是来自暴君尼禄的老师塞内加（Seneca）的句子。真正出自西鲁斯之手的句子约有七百句，句子多半简洁有力，像"如果犯罪之人获判无罪，法官应该判刑"（The judge is condemned when the guilty is acquitted.）。

有些人误以为，幸福应该是来自于别人的称赞，像"你真美""你真有成就""你们夫妻感情真好"。别人的真心称赞固然是让我们感到开心与快乐、萌生幸福感的来源，但如果以"想听到这样的称赞"为前提，那可就本末倒置了。你可能收入不多，但因为工作充实而幸福；你可能和配偶因工作分居两地，但仍因感情笃实而幸福。这些都不一定是别人看得到的幸福，却是你自己最清楚的。真正的幸福，应该是以自己的感受为主，即便那未必就是别人眼中定义的幸福。

金句补给站 ▶ 不认为自己幸福的人，不会幸福。
—— 西鲁斯，古罗马剧作家
"No man is happy who does not think himself so."
— Publilius Syrus

幸福会再来

"幸福可能会暂时忘掉你一下子,但你可不要完全忘记它。"

Jacques Prevert

——雅克·普莱维尔

"Even if happiness forgets you a little bit, never completely forget about it."

普莱维尔（1900～1977）是法国超写实诗人和剧作家，也是第二次世界大战后法国最受欢迎的超写实派诗人。著有《歌词集》（*Paroles*）、《雨天和晴天》（*La Pluie et le Beau Temps*）等诗集，童话集《给顽皮孩子们的故事》（*Contes pour Enfants pas Sages*），以及多部剧作。

普莱维尔的诗简单直接而口语化，作品多从日常生活出发，主要描写巴黎生活，以及第二次世界大战后的日子，充满魔幻而绮丽的意象。普莱维尔直接道出法国人民战后残破却又不放弃希望的心声，诗作以极为简单的文字，呈现出许多凄美画面，背后暗藏唾弃战争与军国主义的想法，充满人道主义精神。他的作品富有想象力与鲜活的意象，一针见血道尽人类最内心最细微的转折感受。他的不少诗作曾被旅法的匈牙利籍电影音乐创作家约瑟夫·柯斯玛（Joseph Kosma）等人谱上旋律，或改写为英文歌，成为一首首动人的流行歌曲，由现代法国与美国歌手演唱。普莱维尔也为法国导演马塞尔·卡内（Marcel Carne）写过《天堂的小孩》（*Les enfants du Paradis*）等电影剧本。

没有人能保证幸福是持续不断，永远不会逝去的。幸福暂时不在我们身边，可能只表示它暂时离去，照顾别人去了，并不表示它永远不再回来。如果只因为幸福消失一阵子，我们就怀忧丧志，如遇世界末日的话，那就太患得患失了。只要做好自己，以乐观的心情期待，幸福一定会再次造访。

> 金句补给站 ▶ 幸福是一颗球，当它滚动时，我们追在后面跑；当它停下来时，我们用脚推它。
> —— 歌德，德国戏剧家
> "Happiness is a ball after which we run wherever it rolls, and we push it with our feet when it stops."
> —— Johann Goethe

性格决定命运

"一个人幸或不幸主要是因为自己的性格,而不是因为环境。"

Martha Washington

——玛莎·华盛顿

"The greater part of our happiness or misery depends on our dispositions and not our circumstances."

玛莎·华盛顿（1731～1802）是美国第1届总统华盛顿的夫人，出生于弗吉尼亚州（Virginia），家里经营种植园，本名是玛莎·丹瑞奇（Martha Dandridge）。她在18岁时与富有的第一任丈夫结婚，育有一子一女，但26岁时丈夫就去世了，留给她一万七千多亩的农地。华盛顿原本就是他们夫妻的友人，其后猛烈追求，终于获得玛莎首肯，两人在1759年结婚，一家四口在弗吉尼亚州的弗农山（Mount Vernon）过着愉快的生活。

玛莎的性格温顺体贴、精明能干，使急躁易怒的华盛顿逐渐变得稳重冷静。独立战争期间，华盛顿是"大陆军"总司令，玛莎独自在家抚养孩子，毫无怨言。1775年12月，玛莎曾前往波士顿郊外的营地，为丈夫和官兵们洗衣做饭。她很体谅士兵们生活上的疾苦，常探望并照料病号、安抚想家士兵，因而成为官兵们爱戴的对象。

1789年4月30日，华盛顿宣誓就职为美国第一任总统，玛莎也成为美国第一位第一夫人。为与欧洲各国政府举办派对的规模一较高下，玛莎曾在纽约和美国临时首都费城举办过许多盛大的社交派对。宴会中，她善于将争论激烈的政治问题转换成轻松话题；想提醒流连忘返的客人时，她会说"将军和我总是在晚上九点就寝"。

有句话说得好，"性格决定命运"。性格左右了我们的想法，而想法又决定了我们的行为，继而才让行为导致最后的结果。所以结果到底是幸还是不幸，最初始的源头，还是在于我们的性格，环境的顺逆反而不是最重要的。带有不畏艰难的强韧性格者，能把绝望逆境扭转为顺境；带有怨天尤人的软弱性格者，可能就会把大好顺境糟蹋得一文不值了。因此，要想获得幸福，透过个人的后天努力调整性格，或许会是颇能见效的好方法。

> 金句补给站 ▶ 无论处于何种环境，我仍决心要快乐与幸福。
> ——玛莎·华盛顿，美国第一任总统夫人
> "I am still determined to be cheerful and happy in whatever situation I may be."
> —— Martha Washington

CHAPTER 2

幸福的必备条件：
订下目标，积极行动

　　动手去做固然不能保证必然造就幸福，但不动手必然没有幸福。许多幸与不幸的分界，只在于人如何去面对、去处理所碰到的机会与状况。

　　向世界宣告"我有这样的目标在"，才能增强自己往前迈进的信心，提高获得幸福的可能性。

种下幸福果实

"幸福至少有一部分可以定义为,你出于自己的意愿与能力,牺牲眼前利益而换取到最后想要的果实。"

Stephen Covey

——史蒂芬·柯维

"Happiness can be defined, in part at least as the fruit of the desire and ability to sacrifice what we want now for what we want eventually."

柯维（1932～2012）是美国经管顾问和畅销励志书作家，擅长教人人际关系、个人管理、家庭关系管理等技巧，为富兰克林柯维公司前联合主席。柯维的代表作《高效能人士的七个习惯》（*The Seven Habits of Highly Effective People*）出版于1989年，至今在全球销量已过亿册。其他作品包括《高效能家庭的7个习惯》（*The 7 Habits of Highly Effective Families*）、《领导者准则》（*Principle Centered Leadership*）、《生活中的7个习惯》（*Living the 7 Habits*），以及他与人合著的《要事第一》（*First Things First*）等。《时代》杂志曾评选他为最有影响力的二十五位美国人之一。

柯维出生于美国犹他州（Ultah）盐湖城，是哈佛大学工商管理学硕士、杨百翰大学（Brigham Young University）博士。他在1984年成立柯维领导中心（Covey Leadership Center），以培养管理领导人才为宗旨，目前全球有七百多间分校，每年培育75万人。他在《高效能人士的七个习惯》中指出，成功人士有七项习惯，包括"操之在我""确立目标""掌握重点""利人利己""设身处地""集思广益"以及"均衡发展"。他以此鼓励读者探索自我，透过个人的内在修为，激发出力量以改变自己的外在行为。2004年出版的《第八个习惯》（*The 8th Habit: From Effectiveness to Greatness*）则要读者"发现内在的声音，找到自身的热情与价值"，让个人、家庭以及所属组织，都能透过实践而突破困局、向上提升。

为了长远的幸福，有时我们必须先牺牲眼前的短暂享受。透过牺牲而换来的资源与时间，才能在未来结出更饱满的幸福果实。如果只顾眼前的享受，未来的幸福可能是遥遥无期的。

> 金句补给站 ▶ 我们必须愿意放弃自己所规划的人生，才能拥有正等待我们去过的人生。
> ——约瑟夫·坎贝尔，神话大师
> "We must be willing to get rid of the life we've planned, so as to have the life that is waiting for us."
> — Joseph Campbell

在实践中成长

"别苦等事事都到位,你永远等不到的。你一定会碰到挑战、阻碍以及环境的不完美。那又如何?现在就动手。你每前进一步,都会愈来愈坚强,愈来愈有技巧,愈来愈有自信,也愈来愈成功。"

——马克·维克多·汉森

"Don't wait until everything is just right. It will never be perfect. There will always be challenges, obstacles and less than perfect conditions. So what. Get started now. With each step you take, you will grow stronger and stronger, more and more skilled, more and more self-confident and more and more successful."

汉森是畅销励志作品《心灵鸡汤》(Chicken Soup for the Soul)的作者之一，他与杰克·坎菲尔（Jack Canfield）合著的《心灵鸡汤》系列作品，以四十多种语言在全球一百多个国家共卖出逾亿本，雄踞《纽约时报》(New York Times) 心理励志类排行榜6年，成为全美五百大企业爱用的激励员工丛书。与人合著有《心灵鸡汤》系列近40册，《一分钟亿万富翁》(The One Minute Millionaire)、《有钱人密码》(Cracking the Millionaire Code: What Rich People Know That You Don't—and How to Apply It) 等作品。

汉森是热情的慈善家、人道主义者，他致力于公众演说，也透过广播节目传授他的智慧，内容包括销售技巧、自我发展等，已指导并启发世界各地众多书友与听众。除了心灵鸡汤系列，汉森持续出版多本著作，也获得许多荣誉与奖项，包括2000年获霍雷肖·奥尔杰出美国人协会（Horatio Alger Association of Distinguished Americans）颁发的杰出美国人奖。

有时候我们很难等到一件事的外围条件都完备了才去做它。在众多条件中，多少都会有无法如我们意的部分。如果因而苦等又迟迟不动手，将永远不会有完成的一天。所以最好的方法就是先不管哪些部分已到位、哪些部分又还没到位，先动手做做看再说。在动手的过程中，每一次战胜挑战、阻碍，都使我们愈坚强、愈有能力与自信。无论追求成功还是幸福，这样的态度都适用。

> 金句补给站 ▶ 你为了什么做好准备，它就会对你做好准备。
> —— 马克·维克多·汉森，《心灵鸡汤》作者之一
> "Whatever you're ready for is ready for you."
> — Mark Victor Hansen

目标要够高

"对大多数人而言,比较危险的不是把目标订得太高而导致失败,而是把目标订得太低而唾手可得。"

Michelangelo

——米开朗琪罗

"The greater danger for most of us lies not in setting our aim too high and falling short; but in setting our aim too low, and achieving our mark."

米开朗琪罗（1475～1564）是意大利艺术巨匠，是大理石雕刻家、画家、建筑家。他与达·芬奇（Leonardo da Vinci）、拉斐尔（Santi Raphael）并称为文艺复兴时期三大画家。他的艺术创作受到人文主义思想与宗教改革运动影响，以现实主义手法和浪漫主义的幻想，表现出当时市民的爱国主义，以及为自由而奋斗的精神。

米开朗琪罗出生于意大利佛罗伦萨，从小喜欢雕刻，他的创作很注重人体美，他曾于1504年在故乡佛罗伦萨完成了旷世石雕杰作《大卫》（David，以色列兴盛时期的国王，少年时曾杀死巨人哥利亚），据说是象征为正义而奋斗的力量。为此他在图书馆中研究人体解剖学四年，精算出人体最完美的比例，使大卫雕像成为"完美"的典范。

他曾在梵蒂冈的西斯廷教堂（Sistine Chapel）天花板上连续工作四年，独力完成巨型天顶壁画《创世纪》。他的重要作品尚有壁画《最后的审判》（The Last Judgement）、雕塑《摩西》（Moses）等。他的建筑作品不多，但都极富创造性，包括圣彼得大教堂（St. Peter's Basilica）的圣坛与圆顶、罗马的卡比托利欧广场（Piazza del Campidoglio）建筑群等。

有些人因为怕自己达不成目标，而把它订得偏低，结果虽然顺利达成，却因为太过轻松而收获有限；有些人不想埋没自己的潜力，把目标订很高，虽然他可能因而失败，却大有机会从中学习与成长。要想成就无上的幸福，恐怕得先从订好目标开始着手。不要怕失败，想追寻更高层次的幸福，就把努力目标订高些吧！

金句补给站 ▶　很多人对于真正的幸福有错误想法。它并非来自自我满足，而来自忠于远大目标。
——海伦·凯勒，美国身障教育家
"Many persons have a wrong idea of what constitutes true happiness. It is not attained through self-gratification but through fidelity to a worthy purpose."
— Helen Keller

要幸福得有决心

"你对获得幸福有多少决心,就得到多少幸福。"

Abraham Lincoln

——亚伯拉罕·林肯

"People are just as happy as they make up their minds to be."

林肯（1809～1865）是美国第16届总统，以解放黑奴著称。在他任内美国发生历时四年的"南北战争"（The Civil War），最后由林肯率领的北军获胜。1863年，他在演说中提到"民有、民治、民享"的政府理念，成为后世民主政治典范。

林肯出生于美国肯塔基州（Kentucky）的贫穷农家，只断断续续上过不到一年的学，多半靠自修学习。他在25岁时当选为伊利诺伊州议员，进入政坛，27岁时取得律师资格。他也当过国会议员，在1860年总统大选中代表共和党夺得大位。1861年，南方7个州因不满共和党包括反对蓄奴在内的政治主张，脱离联邦自组联盟独立，引发南北战争，其后又有4个州加入南方联盟。

战争初期，南方取得许多胜利。为争取南部黑人的支持，林肯在1861年9月发表由他亲自起草的《解放黑奴宣言》（The Emancipation Proclamation），并于次年1月1日宣布正式生效。南北战后，据此修正宪法第十三条，正式立法禁止各地的奴役行为。林肯此举让美国内战从维护国家统一的战争，转变为解放黑奴的战争，对北军最后胜利有决定性影响。1965年，南军的投降结束了南北战争，但林肯却于4月14日在福特剧场（Ford Theater）遭白人演员暗杀，宣告不治。

我们愈有决心，就愈可能获得幸福。一个只会做白日梦而无决心追求幸福的人，不管他想得再多，幸福将永远只是脑海中的梦幻仙境而已。

金句补给站 ▶ 幸福不来自于完成简单工作，而来自于尽全力达成艰难工作后的满足。

—— 西奥多·鲁宾，美国心理分析专家

"Happiness does not come from doing easy work but from the afterglow of satisfaction that comes after the achievement of a difficult task that demanded our best."

—— Theodore Rubin

说出心中所想

"很多人不敢讲出自己要什么。就是因为这样,他们才得不到想要的。"

Madonna

——麦丹娜

"A lot of people are afraid to say what they want. That's why they don't get what they want."

麦丹娜（1958～）是美国歌手、舞者、音乐制作人、演员和作家，她的唱片在全球卖出 1 亿 2000 万张，在 20 世纪美国最畅销的 100 张唱片中，她发行于 1984 年的第二张个人专辑《宛如处女》（*Like a Virgin*）和发行于 1990 年的首张精选集《麦丹娜精选》（*The Immaculate Collection*），分别以超过 1000 万张与 900 万张的销售总数，位居第 65 名和第 91 名。她曾演出电影《阿根廷，别为我哭泣》（*Don't Cry for Me Argentina*），并因此夺得第 54 届金球奖最佳女主角。著有《英伦玫瑰》（*The English Roses*）等多部童书。

麦丹娜出生于美国密歇根州的底特律，从小就常在学校活动中表演。她曾是学校啦啦队成员，擅于舞蹈和各种乐器。高中毕业后，她获得密歇根大学舞蹈奖学金而进入该校就读，但两年后就辍学。1982 年，麦丹娜向纽约一位 DJ 兼制作人毛遂自荐，寄去自己录的试听带并获青睐，发行第一首单曲，迅速窜红。1985 年的首届 MTV 颁奖典礼上，麦丹娜以性感造型演唱《宛如处女》，一曲成名。

2003 年 9 月，她的绘本处女作《英伦玫瑰》在全球 107 国同步发行，首次印刷逾 40 万册，登上《纽约时报》儿童绘本畅销排行榜第 1 名。她还创作过《豆豆老师的苹果》（*Mr. Peabody's Apples*）、《雅各与七个小偷》（*Yakov and the Seven Thieves*）、《阿布迪历险记》（*The Adventures of Abdi*）、《快乐的真谛》（*Lotsa De Casha*）等系列童书，颇获好评。

我们想要什么，如果只是闷在心里，别人根本无从得知，也无从适时助你一臂之力。唯有鼓起勇气说出自己想要什么，才能向世界宣告"我有这样的目标"，也才能增强自己往前迈进的信心，提高获得幸福的可能性。

金句补给站 ▶ 一个人的幸福如果还得看别人脸色，就太可怜了。
—— 麦丹娜，美国女歌手
"Poor is the man whose pleasures depend on the permission of another."
— Madonna

行动才有希望

"行动未必能造就幸福,但不行动必无幸福。"

——本杰明·迪斯雷利

"Action may not always bring happiness, but there is no happiness without action."

迪斯雷利（1804～1881）是英国政治家和小说家，他是维多利亚王朝时的英国首相，也是19世纪中后期英国保守党领袖。他于1868年2月至12月，以及1874年2月至1880年4月担任英国首相，把大英帝国推向鼎盛。在他担任首相期间，主导大英帝国收购苏伊士运河，让该国势力扩张到近东地带。他也善于与女王应对互动，极得女王的欢心与信任。著有《年少公爵》(The Young Duke)等多部小说。

迪斯雷利出生于伦敦一个犹太家庭，20多岁时曾游历欧洲、地中海沿岸及近东国家，于1837年当选下议院议员，1848年当选为保守党领袖。他曾三度担任内阁财政大臣，后来也两度出任首相，对内推行倡导改革，对外则极力推行侵略扩张政策。1875年11月，趁埃及政府财政危机，他主导购买了埃及国王握有的近半苏伊士运河公司股票，一举取得对运河控制权。

迪斯雷利曾因投资股票严重失利，为还债而写过通俗的言情小说。他还讲过一段有趣的话，"谎言有三种：谎言，可恶的谎言以及统计数字"(There are three kinds of lies — lies, damned lies and statistics)，提醒大家看到统计数字时要谨慎解读。

迪斯雷利的话相当一针见血，动手去做固然不能保证必然造就幸福，但不动手必然没有幸福。那些还在迟疑，还在怕动手也可能成就不了幸福的人，或许应该给自己一个机会，也给幸福一个机会，现在就起身行动！

金句补给站 ▶ 你若想要幸福人生，就设定目标努力，不要寄托在人或事之上。
—— 阿尔伯特·爱因斯坦，犹太裔物理学家、相对论创立者
"If you want to live a happy life, tie it to a goal, not to people or things."
—— Albert Einstein

顺其自然

"如果你不断想知道幸福的成份是什么,你永远不会幸福。如果你一直在找寻人生的意义,你永远过不好人生。"

Albert Camus

——加缪

"You will never be happy if you continue to search for what happiness consists of. You will never live if you are looking for the meaning of life."

加缪（1913～1960）是法国作家和哲学家，也是存在主义代表人物。"荒谬"为其思想的一大特点，作品中常描写人与现实世界间的冷漠、疏离和对立关系。他在 1957 年 44 岁时，因小说《局外人》（The Stranger）获颁诺贝尔文学奖，是截至当时为止第二年轻的获奖人，但在获奖 3 年后就因车祸丧生。著有《局外人》（L'étranger）、《鼠疫》（The Plague）、《堕落》（The Fall）、《第一个人》（The First Man）、《放逐与王国》（Exile and the Kingdom）等小说，哲学论著《西西弗神话》《The Myth of Sisyphus》等多部作品。他与另一法国作家萨特（Jean Paul Sartre）并称为 20 世纪法国文坛的双璧。

加缪出生于法属阿尔及利亚，那里是他《局外人》一书的背景。他的父亲早逝，由母亲带大。他半工半读完成学业，专攻哲学，23 岁时取得哲学硕士学位。他曾从事新闻工作，并于第二次世界大战时参与抵抗纳粹强权的组织。奠定他文坛地位的《局外人》一书出版于 1942 年，描述一位青年错手杀死阿拉伯人，到案后他却因为自己在母亲丧礼上的冷漠态度而遭指控。个性冷淡的他对生命没有热情，也不想向法官辩解，最后选择以"死"结束社会的荒谬。另一作品《鼠疫》则是以奥兰城及其 20 万居民为背景，描写这座孤城以及面临恐怖、瘟疫、死亡蹂躏的一群人物如何超越孤立与焦虑。

幸福的成份是什么？恐怕没有人真正讲得出来。如果一定要知道幸福是由什么构成的，可就永远没完没了了。每个人的幸福都有不同成份，也都来自不同地方，所以与其钻研幸福的成份是什么，还不如放松心情，充实地过每一天，可能还更容易与幸福相遇！

> 金句补给站 ▶ 幸福不在于幸福本身，而在于追寻它的过程。
> ——陀思妥耶夫斯基，俄国作家
> "Happiness does not lie in happiness, but in the achievement of it."
> — Fyodor Dostoevsky

最好的副产品

"幸福像可乐一样,是一种你在制造其他东西时产生的副产品。"

——赫胥黎

"Happiness is like coke—something you get as a by-product in the process of making something else."

赫胥黎（1894～1963）是英国诗人、小说家、剧作家，著有《美丽新世界》(Brave New World)、《众妙之门》(The Doors of Perception)等五十多部小说。

赫胥黎出生于英国，祖父托马斯·赫胥黎（Thomas Henry Huxley）是19世纪生物学家，也是极其支持达尔文的进化论大师；父亲李奥纳多·赫胥黎（Leonard Huxley）也是作家。他12岁就开始写小说，曾因眼疾有两年时间几近全盲，不得不学习点字法及按指打字法，后来才渐渐好转。

赫胥黎毕业于牛津大学，1932年，他出版反乌托邦的长篇科幻小说《美丽新世界》，书中引用诸多生物学、心理学知识，以虚构的"福特632年"（Our Ford 632，相当于公元2540年）为背景，描述一个从出生到死亡都受控制的社会。书中提到，科技文明过度发达后，人类成为自己所发明科技的奴隶，人的一切价值及尊严也完全消失殆尽的悲剧。例如教育的普及使人获得知识，也使信息及知识更泛滥、更利于权力主义者或政客用于控制人心；矿业和农业的技术更发达后，也使大地愈来愈枯竭。全书在警告人们勿盲信或迷恋科技进步，而要多思考自己的人生与子孙的未来。

赫胥黎与美国前总统小罗斯福夫人埃莉诺·罗斯福一样，都认为幸福只是一种副产品，是你在追求其他目标时，自然而然产生的东西。与其太在意会不会幸福，不如先放下对幸福的介意，埋首于自己的目标，幸福就会伴随着目标的达成而来了。

> **金句补给站 ▶** 幸福不是目标；它只是副产品。
> ——埃莉诺·罗斯福，美国前总统夫人
> "Happiness is not a goal; it is a by-product."
> — Eleanor Roosevelt

立刻改变

"今天就改变你的生活。别赌在明天,现在就行动,别拖延。"

——西蒙娜·波伏瓦

"Change your life today. Don't gamble on the future, act now, without delay."

西蒙娜·波伏瓦（1908～1986）是法国女作家，也是20世纪女权运动先驱，有"女性主义之母"称号。她挑战传统女性的天职，也就是妻子、母亲的角色，拒绝婚姻，也选择不生育。她的伴侣萨特（Jean-Paul Sartre）是法国存在主义哲学家、剧作家、小说家和评论家，曾获1964年诺贝尔文学奖。两人终身未婚。其著作有《第二性》(*The Second Sex*)、《越洋情书》(*Lettres a Nelson Algren*)、《美国纪行》(*America Day by Day*)、《名士风流》(*The Mandarins*)、《告别仪式》(*Adieux: A Farewell to Sartre*)等作品。

西蒙娜·波伏瓦出生于法国巴黎，在21岁结识萨特，因而受到存在主义的启发。她以优异成绩进入巴黎索邦大学研读哲学，由于萨特于第二次世界大战期间遭德军俘虏，回国后两人开始进入写作、教书、自修的刻苦生活。她的代表作《第二性》出版于1949年，曾遭梵蒂冈列为禁书。全书从生物学、社会学、政治学的观点全面思考女性议题，对当时与后世的女性运动影响极大，至今仍为女性主义经典作品。书中提出"女人并非生来就是女人，而是环境让她变成女人"的论点。1954年的作品《名士风流》描绘各种知识分子的形象、战争胜利后的幻想及破灭，以及与共产党、东欧、美国间的矛盾关系，在法国知识界引起巨大反响，也让她获颁法国文学界最重要奖项之一"龚古尔文学奖"(Prix Goncourt)。

西蒙娜·波伏瓦认为，应该今天就改变生活，不要什么都赌在明天。明日复明日，明日何其多，现在就行动、不延迟，谁知道明天会有什么变化呢！

金句补给站 ▶ 如果你等待，唯一会发生的事就是你会变老。
—— 拉里·麦克穆特瑞，《断背山》编剧
"If you wait, all that happens is that you get older."
— Larry McMurtry

勇于作战

"幸福像童话故事里的宫殿,大门都由巨龙把守。我们必须与之作战,才能获得幸福。"

Alexandre Dumas

——大仲马

"Happiness is like those palaces in fairy tales whose gates are guarded by dragons: we must fight in order to conquer it."

大仲马（1802～1870）是法国浪漫主义小说家和剧作家，他的作品通俗易读、情节紧凑、人物鲜活，包括《三个火枪手》(The Three Musketeers)、《基督山伯爵》(The Count of Monte Cristo) 等一百五十多部小说、九十多部剧本、十卷回忆录以及十九卷游记。他与另一法国作家雨果（Victor Hugo）并称为法国戏剧界双杰。

　　大仲马出生于法国，27 岁时以历史剧《亨利三世与他的宫廷》(Henry III and his Court) 成名，而后开始侧重于历史小说的创作。《基督山伯爵》是 1845 至 1846 年在报上连载的小说，一出刊立刻引起法国文坛的轰动，据说还曾发生读者为先睹为快而跑去印刷厂贿赂工人的趣事。书中描述青年水手因爱情事业两得意，遭嫉妒的同事与情敌联手诬陷叛国而被捕，却因为检察官发现黑函内容恰好与自己有关，而滥权将他送入监狱。在狱中的 15 年间，他透过地道结识一名知道基督山岛财宝埋藏地的朋友，后来还顶替这名意外死亡的朋友逃了出去。取得财宝后，他化名"基督山伯爵"，展开一连串的报恩与报仇行动。

　　大仲马另一部代表作《三个火枪手》则以 17 世纪的法国路易十三王朝为背景，描述主角达达尼昂（d'Artagnan）和三个火枪手为达成皇家使命，及谋求与英国间的和平，所发生的正义冒险故事。

　　大仲马连谈论幸福也要以充满小说感的"巨龙"来比喻通往幸福道路上的横逆。害怕巨龙的人，只能乖乖摸摸鼻子回家去；勇于挑战巨龙的人，才能顺利进入幸福的宫殿。

金句补给站 ▶　只有感受过极度绝望的人，才能感受无上喜悦。
　　　　　　　　　　　　——　大仲马，法国小说家和剧作家
　　　　　　"Only a man who has felt ultimate despair is capable of feeling ultimate bliss."
　　　　　　　　　　　　— Alexandre Dumas

把握当下

"把握当下!趁你还活着时赶快享乐;享受每一天;活出丰富生活;善用自己的所有。时间已经没有你想象的充裕了。"

Horace

——贺拉斯

"Carpe diem! Rejoice while you are alive; enjoy the day; live life to the fullest; make the most of what you have. It is later than you think."

贺拉斯（前 65 ~ 前 8）是古罗马奥古斯都（Augustus）大帝时的诗人，长于颂歌，其讽刺诗尤为独步。早期作品有《讽刺诗集》（Satires）和《长短句集》（Epodes），但他的名声主要得自抒情诗《颂歌》（Odes）和散文《书札》（Epistles），后者包括论文《诗艺》（Ars Poetica）在内，为诗的写作确立了一些规则。

贺拉斯出生于意大利南部，拉丁语全名为昆图斯·贺拉斯·弗拉库斯（Quintus Horatius Flaccus），父亲曾是奴隶，但在他出生前已获自由之身。他的《诗艺》是继亚里士多德（Aristotle）的《诗学》（Poetics）后，第一本欧洲戏剧理论上的重要著作。它倡导模仿希腊的古典作品，除亚里士多德《诗学》中已有的史诗、悲剧、喜剧和羊人剧外，贺拉斯还加上讽刺文及田园诗等。他认为各种文类各有特色，必须分开，不可混杂。他还要作诗者注意人物造型，他说从无忧无虑的儿童，到忧患唠叨的老人，人的行为会随年龄而不同。《诗艺》在文艺复兴时代为学界普遍研究，对新古典主义的形成有很深的影响。

贺拉斯肯定诗歌的教化作用，强调诗歌对社会的良好影响。他认为诗人是神圣的，而作诗是崇高的事业。他的观点同古代一些人蔑视文艺、认为文艺败坏社会风气的观点针锋相对，也与奥古斯都重视文学的宣传作用、鼓励文学创作的精神相吻合。

贺拉斯这句话里的"把握当下"（carpe diem）一词，现在已成为后世经常引用的名言，提醒人们应该趁还活着的时候充分享乐、活出丰富生活，因为时间并没有每个人想象中那么充裕。如果还站在那儿迟疑，机会可是不再有的。

金句补给站 ▶ 人生太重要了，不宜严肃视之。
—— 奥斯卡·王尔德，爱尔兰作家、诗人、剧作家
"Life is too important to be taken seriously."
—— Oscar Wilde

鞭策自己

"我从不希望自己正在做的事很轻松。我不认为自己会因轻松而成长。因此我希望多鞭策自己一些。"

——尼古拉斯·凯奇

"I never want to get comfortable with what I'm doing. I don't think I can grow if I'm comfortable. So I want to push myself a little bit further."

尼古拉斯·凯奇（1964～）是美国演技派和动作片男星，曾获得奥斯卡最佳男主角，演出电影包括《变脸》(Face Off)、《勇闯夺命岛》(The Rock)、《空中监狱》(Con Air)、《天使之城》(City of Angels)、《极速60秒》(Gone in Sixty Seconds)、《国家宝藏》(National Treasure)等。

尼古拉斯·凯奇出生于美国加州，有意大利血统，本名尼古拉斯·金·科波拉（Nicholas Kim Coppola），从影初期才改名凯奇。他是拍摄《教父》(Godfather)的导演弗朗西斯·科波拉（Francis Coppola）的侄子。他的父亲是比较文学教授，母亲是舞蹈家，在耳濡目染下，他从小就对艺术、文学、戏剧很有鉴赏力，也很感兴趣，高中时就常参与学校舞台剧演出。

他18岁时演出第一部电影《开放的美国学府》(Fast Times at Ridgemont High)里的小角色。1995年，他演出小成本的《远离赌城》(Leaving Las Vegas)，饰演打算喝到死，以酒精自杀的电影剧作家，一句"我不记得我是失业后才变成酒鬼，还是变成酒鬼后才开始失业"的台词令人印象深刻，他也在当年夺得奥斯卡最佳男主角，声名大噪。

一个人做事如果只挑轻松的做，或许可以获得一时的悠闲与快乐，但长此以往，一点进步也没有的话，等更有能力又更认真的人取代你，可就后悔莫及了。最好的方法是牺牲轻松，宁愿累一点也要鞭策自己，像尼古拉斯·凯奇一样，才能拥有成长的幸福。

> **金句补给站** ▶ 别人说你做不到的事你达成了，是人生一大乐事。
> —— 沃尔特·白芝浩，《经济学人》首任总编辑
> "The greatest pleasure in life is doing what people say you cannot do."
> —— Walter Bagehot

播下幸福之种

"成长本身就带有幸福的种子。"

Pearl S. Buck

——赛珍珠

"Growth itself contains the germ of happiness."

赛珍珠（1892～1973）是美国作家，曾于1938年获得诺贝尔文学奖。生平作品逾百部，包括小说、诗集、儿童文学等，主题涵盖女性、亚洲人、移民、领养、人生冲突。最知名的是1931年出版、描写中国农村的代表作《大地》(The Good Earth)，曾获美国普利策奖，与其后出版的《大地》续集《儿子们》(The Sons)和《分家》(A House Divided)，三者合称"大地三部曲"。其他作品包括《龙种》(Dragon Seed)、《东风西风》(East Wind, West Wind)等。

赛珍珠出生于美国弗吉尼亚州，父母是长老教会的传教士，她出生后不久就随父母来到中国江苏镇江，在那儿待了18年，还学习四书五经。返美接受大学教育后，她又在中国生活了40年，赛珍珠就是她自己取的中文名字。她称中文为"第一母语"，还曾花费4年时间将《水浒传》译为英文，取名《四海之内皆兄弟》(All Men Are Brothers)。

赛珍珠甚为关怀社会运动与人道主义，她曾在1949年成立全球第一个正视跨种族血统孩童领养的机构，特别是美国军人在亚洲各地的非婚生孩童。在运作近五十年的历史中，该机构协助安置了逾六千名孩童。她也成立"赛珍珠基金会"，援助亚洲几个国家数以千计的孩童，后来这两个机构在1991年合并。

人一旦成长，就能接触到与过去不同的新世界，这种体验，本身就可以是一种幸福，因为你可以看到别人没看过的，你学到别人不知道的。如果老活在自己熟悉的天地里，犹如活在象牙塔里的话，久了不但会失去新鲜感，还会让自己失去生活的目标，也就谈不上任何幸福了。

> 金句补给站 ▶ 幸福，在于成就的喜悦以及努力创造时的感动。
> —— 文森特·梵高，荷兰后印象派画家
> "Happiness... it lies in the joy of achievement, in the thrill of creative effort."
> —— Vincent van Gogh

金钱不是全部

"幸福不在于纯粹拥有金钱,而在于成功的喜悦与用心创造时的兴奋心情。"

——富兰克林·罗斯福

"Happiness is not in the mere possession of money; it lies in the joy of achievement, in the thrill of creative effort."

富兰克林·罗斯福（1882～1945）是美国第 32 届总统，民主党人，简称小罗斯福。他于 1933 年至 1945 年在位，是美国史上唯一一位连任超过两届的总统，带领美国走过 20 世纪 30 年代的全球经济大萧条及其后的第二次世界大战。他是美国第 26 届总统西奥多·罗斯福（Theodore Roosevelt，简称老罗斯福）的远房后辈。他的妻子埃莉诺·罗斯福（Eleanor Roosevelt）则是老罗斯福的侄女。

小罗斯福出生于纽约州哈德逊河畔，曾就读哈佛大学与哥伦比亚大学，第一次世界大战期间在海军服役。1921 年，他在 39 岁时罹患小儿麻痹症，战胜病魔后于 1928 年当选纽约州州长，并于 1933 年当选总统。

20 世纪 30 年代全球经济大萧条时，为摆脱严重的经济危机和萧条，小罗斯福采取一系列的社会经济政策，总称为"新政"（New Deal），加强国家对社会经济的干预和调节、局部调整生产关系，并革除一些垄断资本主义的弊病，获得广大群众支持。1943 年，他曾与蒋介石及英国首相丘吉尔举行开罗会议，签署《开罗宣言》（Cairo Declaration），内容包括要求日本无条件投降，还有日本强占中国的领土，包括东北诸省、台湾和澎湖列岛等，应在战后归还中国，以及战后朝鲜应当独立等事项。

金钱是有形的，幸福是无形的。金钱只是幸福最肤浅的一种形式，只因为它能够用来买东西，那种快乐是一时的。不过，一个人若能成功，喜悦却可以是永久的；过程中用心去创造的那种心情，也一样让人回味无穷。它们在幸福的本质上，和金钱是属于不同层次的东西。

金句补给站 ▶ 人生的主要价值不在于你获得什么，而在于你成为什么。

——吉米·罗恩，美国励志作家

"The major value in life is not what you get. The major value in life is what you become."

— Jim Rohn

期待幸福

"一个人之所以能幸福,主要是因为他预期不久就会幸福。"

——爱伦·坡

"Man's real life is happy, chiefly because he is ever expecting that it soon will be so."

爱伦·坡（1809～1849）是美国小说家和诗人，有"推理小说之父"称号，《福尔摩斯》(Sherlock Holmes)作者柯南·道尔（Conan Doyle）都还是在他去世10年后才出生。他的作品以恐怖、怪异见长，包括《莫格街谋杀案》(The Murders in the Rue Morgue)、《玛丽·罗杰疑案》(The Mystery of Marie Roget)、《失窃的信函》(The Purloined Letter)、《金甲虫》(The Gold Bug)、《海上历险记》(The Narrative of Arthur Gordon Pym of Nantucket)等。

爱伦·坡出生于美国波士顿，幼时父母双亡，由爱伦家收养，因而姓氏中多了"爱伦"。他自幼聪颖，爱好文学，曾就读弗吉尼亚大学，后辍学从军，也曾进入西点军校，但故意犯规而被开除。离开西点后，他开始以写作为生，曾在《南方文学信使》(Southern Literary Messenger)从事杂志编辑工作。从那时起写了不少文学评论文章，同时也写诗歌与短篇小说。

1841年，他的《莫格街谋杀案》一书描写了密室凶杀案，行凶房间由内反锁，凶手居然是猩猩，出人意表。其后几部短篇推理开启了后世推理小说基本架构，侦探主角奥古斯特·杜平（Auguste Dupin）也成为早期推理小说中的代表人物。

一个人如果对于幸福有所期待，知道未来的某一天，自己一定会幸福的话，做起事来一定加倍努力，充满热情，相对地也就更容易获得幸福。当然，重点在于，不能光是有所"预期"或"期待"，还必须把它化为行动的能量，才能确保幸福的到来。

金句补给站 ▶ 人人追逐幸福，却没发现幸福就在脚边。
—— 贝尔托·布莱希特，德国戏剧家和诗人
"Everyone chases after happiness, not noticing that happiness is at their heels."
—— Bertolt Brecht

磨难隐藏祝福

"看来痛苦的磨难,经常只是祝福的伪装而已。"

Oscar Wilde

——王尔德

"What seems to us as bitter trials are often blessings in disguise."

王尔德（1854～1900）是19世纪英国著名诗人、小说家和剧作家，与萧伯纳（Bernard Shaw）齐名，作品以唯美主义著称。他是富于机智、个性狂放不羁的双性恋者，曾因同性恋罪名入狱两年。

　　王尔德出生于爱尔兰，父亲是著名外科医师，母亲是爱好文学的作家。从小他就接受良好教育，沉浸于艺文环境中。他毕业于牛津大学莫德林学院（Magdalen College），在学期间思想深受唯美主义大师沃尔特·佩特（Walter Pater）与英国艺术评论家约翰·拉斯金（John Ruskin）影响，行事洋溢浓厚的唯美色彩。在衣着上，他极为注重打扮；在文学上，他极力运用华美的词藻与修辞及富于音乐性的语句。他的第一本诗集在1881年出版，为宣传诗集而到北美巡回演讲时，还曾留下"我没什么好讲的，除了我的天分"的自负之语。后来他也创作过四部喜剧《温夫人的扇子》《微不足道的女人》《理想丈夫》以及《不可儿戏》，呈现扭曲但幽默的人生观。

　　王尔德也写过《快乐王子》《夜莺与玫瑰》《自私的巨人》《忠实的朋友》《神奇的火箭》等九篇童话，内容受安徒生很大影响。他常以书中人物的言行举止讽刺现实生活中人类的自私、贪婪、忘恩负义。他的童话引申出的内蕴，使仍有童心、喜欢幻想的成年人也产生共鸣。坐牢期间，自我反省的他，还曾以限量提供、对开大小的监狱用纸，写下《狱中书》，成为他最后一部长篇散文。

　　痛苦或让人难以忍受，但正如王尔德所言，祝福可能会伪装成磨难来找我们。如果光看外表就拒绝了它，可就没机会迎接祝福了。想获得真正的幸福，就奋力拆穿包装在它外面的不起眼形象吧。

> 金句补给站 ▶ 现实可以摧毁梦想；难道梦想就不能拿来摧毁现实吗？
> ——乔治·莫尔，爱尔兰小说家
> "Reality can destroy the dream; why shouldn't the dream destroy reality?"
> — George Moore

秉持热情做到底

"我热爱我的工作。我对它感到自豪。任何事我不会只做一半、只做四分之三、只做十分之九。如果我要做一件事,一定会做到底。"

Tom Cruise

——汤姆·克鲁斯

"I love what I do. I take great pride in what I do. And I can't do something halfway, three-quarters, nine-tenths. If I'm going to do something, I go all the way."

汤姆·克鲁斯（1962～）是美国演员，曾以《生于七月四日》(Born on the Fourth of July)、《甜心先生》(Jerry Maguire)获得1989年与1997年的金球奖最佳男主角奖，并以《木兰花》(Magnolia)获得1999年金球奖最佳男配角奖。其他电影作品包括《碟中谍》(Mission Impossible)系列电影、《少数派报告》(Minority Report)、《最后的武士》(The Last Samurai)、《世界大战》(War of the Worlds)等。

汤姆·克鲁斯出生于美国纽约州，父亲是电气工程师，因工作必须经常搬迁，致使他14岁时已读过15所学校。为尽速和同学打成一片，他努力学习各类运动，包括游泳、拳击、美式足球、冰上曲棍球等，涉猎广泛。高中担任学校戏剧公演主角后，他下定决心要在十年内成为有成果的演员。高中还没毕业，他就前往纽约找寻演出机会。1981年，在洛杉矶一位经纪人推荐下，他终于在一部电影演出只有几个镜头的纵火犯。后来他渐渐有了更多演出机会。1986年，他演出《壮志凌云》(Top Gun)的英俊飞行员，一跃成为国际巨星。在1989年的《生于七月四日》里，他饰演有残疾的越战退伍军人，为自己夺得金球奖剧情片最佳男主角奖。许多人认为他外形出色，但他并不以此自满，反而更努力演出。1996年的动作片《碟中谍》则为他创造演艺生涯新高峰。

我们在做事时，是否会出现只做一半、只做四分之三、只做十分之九的情形？明明再加把劲就可以完成，却因为一时的慵懒、没信心或疲累而在只差一步的地方放弃了，这是很可惜的。如果能像汤姆·克鲁斯所讲的一样，做任何事一定要秉持热情做到底，那么无论成功或幸福，应该都可以手到擒来。

金句补给站 ▶ 幸福就是你所想、你所讲、你所做都能一致。
—— 圣雄甘地，印度国父

"Happiness is when what you think, what you say, and what you do are in harmony."
—— Mahatma Gandhi

每天都是一生

"马上开始过生活,而且要把每一天都当成一生去活。"

Seneca

——塞内加

"Begin at once to live, and count each separate day as a separate life."

塞内加（前4~65）是古罗马诗人、政治家、剧作家、哲学家，也是暴君尼禄（Nero）的老师。他属于斯多亚学派，与奥勒留（Marcus Aurelius）、伊壁鸠鲁（Epictetus）并称为罗马帝国时期的斯多亚派三哲。三人出身虽不同，但都认为"个人内心的宁静，只能透过顺从宇宙的秩序获得"，因此"服从造物主的意志，正是一个人与自然法则相调协的唯一途径"。塞内加写过思想性与道德性文章《道德书信集》（*Epistulae morales ad Lucilium*），也有讽刺诗文和科学性著作传世，并著有根据希腊悲剧改编而成的《阿伽门农》（*Agamemnon*）、《美狄亚》（*Medea*）、《俄狄浦斯》（*Oedipus*）、《特洛伊妇女》（*Troades*）、《腓尼基少女》（*Phoenissae*）等剧作。

塞内加出生于西班牙的科多巴（Cordoba），全名路西尔斯·亚内厄斯·塞内加（Lucius Annaeus Seneca），父亲是修辞学家，他也从小学习修辞学、演说、哲学。他是1世纪中叶罗马学术界的领袖人物，曾因病赴埃及疗养，35岁时回到罗马，成为元老会一员，后因能言善道而遭罗马皇帝的猜忌，流放在外，直到53岁才回宫担任家庭教师，教导10岁的尼禄修辞学。尼禄登基后，他随之飞黄腾达，但在69岁时，一群人行刺尼禄失败，尼禄怀疑与他有关，他因而被赐死。塞内加的剧作喜欢用滔滔雄辩的台词，多用譬喻、格言、警句、夸饰等修辞法，旁白和内省的独白很多，字句华丽。他的悲剧常出现神鬼巫师，有不少血腥与淫欲的情节，主角往往因单纯动机导致灾难。

唯有重视每一天，把每一天都当成一生去活，每一天才会像一生一样精彩、一样丰富。相反地，如果只是浑噩度日，过一天算一天的话，那么一生再长，很可能都是庸庸碌碌，毫无特别之处。

金句补给站 ▶ 你的未来来自于今天做的事，而非明天。
—— 罗伯特·清崎，《穷爸爸富爸爸》作者

"Your future is created by what you do today, not tomorrow."
— Robert Kiyosaki

接纳生命的一切

"成功当然没有方程式,不过或许有件事你可以做,就是无条件接纳生命以及它为你带来的一切。"

——阿图尔·鲁宾斯坦

"Of course there is no formula for success except, perhaps, an unconditional acceptance of life and what it brings."

鲁宾斯坦（1887～1982）是波兰浪漫主义钢琴家，以演奏萧邦作品及西班牙乐曲著称，演奏风格绚烂，气势壮丽，具有极高的艺术气质，为当代钢琴泰斗。他是个世界主义者，足迹遍布世界各地，能说八种语言。他先后待过波兰、德国、英国、美国、西班牙和瑞士等国，45岁才结婚生子。他一生留下两百多张唱片录音作品，以及两部回忆录《我的青年时代》（*My Young Years*）及《我的漫长岁月》（*My Many Years*）。

鲁宾斯坦出生于波兰一个犹太家庭，他3岁就开始学琴，4岁就登台公开演奏。7岁时他就在公开慈善演奏会上弹奏莫扎特奏鸣曲及舒伯特、门德尔松等音乐名家的曲子。13岁时，他在柏林爱乐交响乐团协奏下，演奏莫扎特第二十三号及圣-桑第二号钢琴协奏曲，相当成功，隔年他以"14岁天才少年"之姿回到华沙演奏，由华沙爱乐交响乐团协奏。后来他经由小提琴大师约阿希姆（Joseph Joachim）的介绍，师事于柏林的名教授巴尔特（Heinrich Barth）。

1937年，他赴美演出大获成功，第二次世界大战后每年平均巡回全球各地演出逾百场，到90岁还能公开演出。乐评家分析，他的钢琴技巧虽然极佳，但他之所以受欢迎，最重要的还是他能将丰富的人生体验化作音符，尽情驱策他的弹奏技术。

无论成功或幸福，都没有一定的轨迹，否则后人只要照本宣科，就可以轻易像前人一样取得成功与幸福。但事情哪有这么简单？正如鲁宾斯坦所言，如果我们能无条件接纳生命以及它为我们带来的一切，顺着外在情势去调整自己，而不只是批判环境，或一定要与环境硬碰的话，成功与幸福的可能性将会大得多。

金句补给站 ▶ 成功是获得自己所想。幸福是喜欢自己所得。
—— 杰克森·布朗，畅销励志作家

"Success is getting what you want. Happiness is liking what you get."
—— H. Jackson Brown, Jr.

一成看人,九成靠己

"人生的百分之十是发生在我身上的事,百分之九十是我如何去应对。"

JM Coetzee

——库切

"Life is 10% of what happens to me and 90% of how I react to it."

库切（1940～）是南非白人作家，也是2003年诺贝尔文学奖得主，现为澳洲阿德莱德大学（University of Adelaide）荣誉研究员。著有《少年时代》(Boyhood: Scenes from Provincial Life)、《耻》(Disgrace)、《铁器时代》(Age of Iron)、《等待野蛮人》(Waiting for the Barbarians)、《福》(Foe)、自传体小说《青青》(Youth)等。他已于2006年取得澳洲公民身份，目前居于澳洲。

库切出生于南非开普敦，有德国及英国血统，20多岁时移居英国，在IBM担任计算机程序设计员。后来他前往德州大学奥斯汀分校取得语言学博士学位，并于纽约州立大学水牛城分校教文学与英文。其后他转往开普敦大学担任英国文学教授，并于2002年迁居澳洲。

库切在1974年初次创作小说，1980年以《等待野蛮人》一书在国际文坛崭露头角。他的作品大量使用种族隔离的素材，有不少针对"夹缝人物"挣扎无奈的心理所做的精彩描写，例如《等待野蛮人》里有个追求和平、同情野蛮人的治安官，就与库切的成长背景有莫大关系，因为他自己就是对黑人处境充满同情的白人。

有人说人生变化多端，不是凡人能够掌握，但库切却认为，只有一成的事情是外在环境加诸我们的"事件"，有九成却是来自于我们如何应对这些事件。诚然，许多幸与不幸的分界，只在于人如何去面对、去处理所碰到的机会与状况。应对得好，就容易走向幸福、避开不幸；应对得差，可就会在不知不觉中朝不幸走去了。

金句补给站 ▶ 最大的幸福在于知道不幸福的源头是什么。
—— 陀思妥耶夫斯基，俄国作家
"The greatest happiness is to know the source of unhappiness."
— Fyodor Dostoevsky

悲喜取决于己

"如果你为外在因素所苦,那痛苦并不来自于事情本身,而是你如何看待它;你随时都有能力去除这种痛苦。"

Marcus Aurelius

——奥勒留

"If you are distressed by anything external, the pain is not due to the thing itself, but to your estimate of it; and this you have the power to revoke at any moment."

奥勒留（121～180）是罗马盛世的最后一位皇帝，是罗马"五贤君"的最后一人。他的学养精湛，曾用希腊文写成《沉思录》（*Meditations*）。他属斯多亚学派，与塞内加（Seneca）、伊壁鸠鲁（Epictetus）并称罗马帝国时期的斯多亚派三哲。

奥勒留出生于西班牙的显贵家族，很早就受五贤君之一的哈德良关注，因此自幼在修辞学、语法学、哲学方面能受到良好教育。公元146年时，他放弃了修辞学，转向斯多亚派哲学，后来成了哲学家皇帝。奥勒留在公元161年继承罗马皇帝之位，在位至公元180年，他虔奉斯多亚学派的禁欲、淡泊原则，并成功把日耳曼的游掠部族赶出罗马领土。

在奥勒留之前，皇帝都是传贤不传子，但奥勒留却误把皇位传给自己不贤的儿子康茂德（Commodus）。康茂德在位的12年，是罗马由盛转衰的关键。康茂德一手结束了五贤君时代的强盛繁华，使罗马帝国陷入战乱之中。历史学家认为，康茂德是罗马帝国最差的皇帝之一。电影《角斗士》（*Gladiator*）就是以康茂德执政时的混乱为背景。

事情带来的快乐或痛苦，可以说并非事情的本身所造成，而是我们如何看待它。也就是说，决定快乐或痛苦的只是我们自己。只要我们改采乐天心态看悲惨之事，就可以快乐；只要我们以悲惨角度看待快乐之事，我们就会难受。所以说，我们"随时都有能力"去除外在事件所带来的痛苦，只是看你怎么做而已！

金句补给站 ▶ 那些认为自己能获胜的人迟早会赢。
——理查德·巴赫，《天地一沙鸥》作者
"Sooner or later, those who win are those who think they can."
— Richard Bach

自己找出路

"我是自成一格的乐观家。如果一扇门过不去,我会找另一扇门,或自己做一扇门出来。无论现在多黑暗,好事一定会到来。"

Rabindranath Tagore

——泰戈尔

"I have become my own version of an optimist. If I can't make it through one door, I'll go through another door - or I'll make a door. Something terrific will come no matter how dark the present."

泰戈尔（1861～1941）是印度诗圣、哲人和印度现代绘画先驱，也是关怀社会的改革家。他曾于1913年以宗教抒情诗集《颂歌集》（Song Offerings）获颁诺贝尔文学奖，为首位获该奖之东方文学家。其后他在欧洲、美洲、亚洲各地旅行演说，致力于介绍印度思想、促进世界和平之实现。他的作品包括《飞鸟集》（Stray Birds）、《颂歌集》《园丁集》（The Gardener）、《新月集》（The Crescent Moon）等五十部诗集，以及《戈拉》（Gora）等十二部长篇小说，以及百余部短篇小说。1928～1930年间，他曾创作大量无题画作，还曾在全球多地举办个人画展。

泰戈尔出生于印度加尔各答名门，属于印度四种阶级中最高的"婆罗门"，父亲是著名的哲学家和社会活动家。他8岁就开始写诗，29岁时发表诗集《马纳希》（Manasi），一举成名。他曾前往伦敦修习法律，但不久放弃，专事写作。他也曾与当时的知名诗人庞德、叶慈等人交游。1905年，泰戈尔投身于民族独立运动，创作许多爱国歌曲。其中《人民的意志》（Jana-Gana-Mana）一作，后来成为今日印度的国歌。他的作品充满强烈的人道主义情怀及批判倾向，富有诗意及人生哲理，也开启印度现实主义文学之先河。

有的人碰到"此路不通"的时候，会卡在原地，不知如何是好。聪明的人会知道要自己找路、自己开路。如果一直在原地呆呆地等候转机，等别人来救你，或是坐着等死的话，将永远无法到达幸福天地。

金句补给站 ▶ 乐观者看到玫瑰而对花刺不以为意；悲观者盯着花刺而忽视玫瑰。
　　　　　　　　　　——安德烈·纪德，诺贝尔文学奖得主
"The optimist sees the rose and not its thorns; the pessimist stares at the thorns, oblivious to the rose."
— Andre Gide

分享幸福会更幸福

"欲获喜乐者必须分享之;
幸福生来就是双胞胎。"

——乔治·高登·拜伦

"All who would win joy, must share it;
happiness was born a twin."

拜伦（1788～1824）是19世纪英国浪漫主义诗人。他是倨傲不群的寂寞英雄与热血狂热的革命家，对英国上流社会的腐败与虚伪深感不以为然，常作诗耻笑批评英国社会在道德、法律、宗教上的虚假和卑劣，因而不见容于伪善的英国社会。著有长篇诗剧《唐璜》（*Don Juan*）等作品。

拜伦出生于伦敦，生来俊美但跛足。父亲是诺曼底贵族，却将家产挥霍殆尽而早逝，致使他从小就与母亲相依为命过着贫困生活。10岁时长辈去世而无子嗣，他因而继承"第六代拜伦男爵"的头衔与遗产，进入英国上流社会。虽然他天生有残疾，但他凭着一己的精神克服了肢体障碍，在板球、游泳、击剑、拳击等方面皆有优异表现。他曾就读剑桥大学的三一学院，21岁时到欧洲各地游历，写下许多名诗。

由于个性狂放不羁，妻子因而要求离婚，对他不以为然的所谓"正道人士"趁机在报刊攻击、中伤他，财产也遭查封，他愤而离开英国。1819～1824年间，他先后投身意大利与希腊的独立运动，于1824年死于希腊军中。他前往希腊前正在撰写的《唐璜》也因而未能完成。

我们分享给别人的喜乐愈多，看到别人因而开心，我们也就愈喜乐。一个人如果不愿与人分享喜乐，只是抱着自己的喜乐不放，他的喜乐很快就会因为没有新的泉源而干涸。

金句补给站 ▶ 幸福像吻一样，你必须分享才能享受它。
—— 伯纳德·梅尔策，美国经济学家
"Happiness is like a kiss. You must share it to enjoy it."
—— Bernard Meltzer

常怀希望

"人生会变化，但不会飞走；希望会幻灭，但不会死去；事实会遭人蒙蔽，但仍会燃烧；爱会遭人拒绝，但仍会回来。"

Percy Bysshe Shelley

——雪莱

"Life may change, but it may fly not; Hope may vanish, but can die not; Truth be veiled, but still it burneth; Love repulsed, - but it returneth."

雪莱（1792～1822）是英国浪漫主义诗人，一生热烈追求个人爱情与社会正义。他与拜伦（George Gordon Byron）、济慈（John Keats）、华兹华斯（William Wordsworth）是英国四大浪漫主义诗人。他认为"诗是种最快乐的情绪圣灵附身在最神圣、最美好的人身上时的产品"，著有诗篇《云》（The Cloud）、《西风颂》（Ode to the West Wind）、《给云雀》（To a Skylark）及诗剧《解放了的普罗米修斯》（Prometheus Unbound）等作品。她的妻子玛丽·雪莱（Mary Shelley）则是小说《科学怪人》（Frankenstein）的作者。

雪莱出生于英国苏塞克斯（Sussex），出身贵族，父亲是爵士。他曾进入牛津大学就读，但因发表《无神论之必要性》（The Necessity of Atheism）倡导无神论而遭开除。此后他积极从事创作，灵感来自所仰慕的女性及所结交的朋友，不少是针对特殊政治议题，如反对君主政体、贵族体制等问题，或者针对大自然、宗教自由平等、人权平等之类的议题所写。

1822年，雪莱与英国诗人拜伦、评论家利·亨特（Leigh Hunt）相约在意大利，共商协助亨特筹划新刊事宜，但雪莱却在乘坐游艇前往约定地途中遇暴风雨，船难身亡，年仅29岁。

再糟的事情，都未必没有否极泰来的一天。悲惨人生可能会有变好的转折点，幻灭的希望可能有重燃的一天，遭蒙蔽的事实依然能伺机重见天日，遭人拒绝的爱也可能会回来。只要常怀希望，任何事都可能发生！

金句补给站 ▶ 没有永留不去的冬天，也无届时不至的春天。
——霍尔·波兰德，《纽约时报》专栏作家
"No winter lasts forever; no spring skips it's turn."
— Hal Borland

CHAPTER 3

幸福的实现过程：
活在当下，知足常乐

少抱怨，多把时间省下来干活，生活自然就美好而成功了。享乐要趁早，即使只是小小的生活乐趣也好，千万别在年轻时为了事业或金钱就放弃一切生活，因为下半辈子你未必有福消受。

我们很容易忘记，幸福不是来自于取得我们所没有的东西，而来自于认同与珍惜我们拥有的东西。

多干活，少抱怨

"若 A 为'成功的生活'，则 A=X+Y+Z；其中 X='工作'、Y='娱乐'、Z='闭上你的嘴'。"

Albert Einstein

——爱因斯坦

"If A is success in life, then A equals x plus y plus z. Work is x; y is play;and z is keeping your mouth shut."

爱因斯坦（1879～1955）是犹太裔美籍物理学家，曾因"光电效应"论文在1921年荣获诺贝尔物理奖。由于他的理论彻底改变了人们的生活及思维，《时代》杂志曾在1999年票选他为20世纪最重要的"世纪人物"。

爱因斯坦出生于德国，父母都是犹太人。他小时候就爱阅读物理、数学的书籍，12岁时就自修了几何学。高中毕业前，爱因斯坦随双亲移民意大利，后来在瑞士就读苏黎世联邦工业大学，并自己钻研19世纪知名物理学家麦克斯韦的电磁学。他发现电磁学中仍存在一些与牛顿力学间的矛盾点，因而构思出"相对论"，修正两百多年来大家奉为圭臬的牛顿力学。

1905年是爱因斯坦的"奇迹之年"，当年他发表数篇重要论文，阐述关于"光电效应"（Photoelectric Effect）、"布朗运动"（Brownian Motion）以及"狭义相对论"（或称"特殊相对论"，Special Theory of Relativity）等议题的重要发现，为量子力学、核能等研究奠下基础，也间接促成原子弹的发明。这些研究都是他任职于瑞士专利局的六年间，利用业余时间进行的。1916年，爱因斯坦又发表"广义相对论"（或称"一般相对论"，General Theory of Relativity），提出关于时空的新阐述，影响宇宙学与天体物理学甚巨。

爱因斯坦这个"生活方程式"很有意思，他认为人应该要有工作，也要有娱乐，但也要记得"闭嘴"——少抱怨，多把时间省下来做有意义的事，生活自然就美好而成功了。很多人下班后还要把公事带回家里咕哝，无形中破坏了自己放松与娱乐的心情，好好的生活不就是这样被糟蹋掉的吗？

> 金句补给站 ▶ 你只有两种生活方式。一种是不把任何事当奇迹，一种是把任何事都当奇迹。
> —— 爱因斯坦，犹太裔物理学家、相对论创立者
> "There are only two ways to live your life. One is as though nothing is a miracle. The other is as though everything is a miracle."
> —— Albert Einstein

人要健康,心要健忘

"幸福就是好健康加上坏记性。"

——史怀哲

"Happiness is nothing more than good health and a bad memory."

史怀哲（1875～1965）是德国医学家、神学家、哲学家、人道主义者，于非洲蛮荒森林行医逾半世纪，有"非洲之父"称号，1952年曾获颁诺贝尔和平奖。著有《史怀哲自传》(*Out of My Life and Thought*)、《文明的哲学》(*The Philosophy of Civilization*)、《原始森林的边缘》(*On the Edge of the Primeval Forest*)等书。

史怀哲出生于德国小镇凯泽尔贝格（Kaysersberg，现属法国），父亲是牧师也是音乐家，他5岁就与外祖父学钢琴，7岁写第一首赞美诗，8岁弹奏管风琴，后来是个出色的管风琴家。21岁时，他发愿希望自己"30岁之前要为传教、教学、音乐、学问而活，30岁之后要把余生献给全人类，直接为人群服务"。30岁之前，史怀哲钻研音乐、神学与哲学，并分别取得博士学位，成绩斐然。

29岁时，他看到法文传道杂志的报道，得知非洲居民大多处于没有医药的环境中自生自灭，当下辞去神学讲师和牧师的工作，以七年时间读完医学课程，远赴法属赤道非洲（后独立为加蓬共和国）悬壶济世，把其后五十多年光阴完全奉献给非洲。1952年，他因为在加蓬的兰巴雷内成立医院获颁诺贝尔和平奖。

健康是生理方面的圆满，但不表示心理方面也一样圆满。一个人如果心中充满不平与怨怼，恐怕很难常保身体健康。因此如史怀哲所言，人应该讲究"好健康加上坏记性"，一方面注重生理健康，一方面也练习把已经过去、于事无补的负面情绪全部付诸流水，只记得那些美好的事物，这样，幸福自然就是我们的了。

> **金句补给站** ▶ 我需要更多健全的休息以让自己在最佳状态下工作。健康是我拥有的主要资本，我希望能智慧地管理它。
> ——海明威，《老人与海》作者
> "I still need more healthy rest in order to work at my best. My health is the main capital I have and I want to administer it intelligently."
> — Ernest Hemingway

无债一身轻

"一个人如果健康、没有负债,而且凡事问心无愧,还有什么比这更幸福的?"

Adam Smith

——亚当·斯密

"What can be added to the happiness of a man who is in health, out of debt, and has a clear conscience?"

亚当·斯密（1723～1790）是18世纪英国政治经济学家，也是古典政治经济学代表人物，有"经济学之父"的称号，著有《国富论》(Inquiry into the Nature and Causes of the Wealth of Nations)与《道德情操论》(The Theory of Moral Sentiments)二书。

亚当·斯密出生于苏格兰，曾先后任教于爱丁堡大学与格拉斯哥大学，讲授逻辑学与道德哲学，也曾出任苏格兰海关税务司司长与格拉斯哥大学校长。1759年他出版《道德情操论》，奠定日后《国富论》的心理学基础。书中认为人是受感情驱使的动物，同时又有思维能力和同情心自我节制。这种双重特性既使人们相互竞争，又使人们创造社会制度以缓和两败俱伤的竞争。

1776年，他在亲赴欧洲各地考察后，又发表《国富论》，认为经济应透过价格功能以自由竞争的方式自动调节。他主张以资本的累积增加国家财富，并批评重商主义与重农主义，提倡自由放任政策。书中也提到"市场是一只看不见的手，透过它可以让自利的人互利，最后发展经济"的原理。这本书为古典经济学树立典范，也为他赢得"经济学之父"称号。

与史怀哲一样，经济学之父亚当·斯密也强调健康的重要，不过是从"没有负债""问心无愧"两个角度来谈幸福。"没有负债"可以包括金钱上的自由，以及心情上的自由。金钱上，一个人如果因为借贷太多，每天想着还欠多少钱，多久之内必须还给别人，生活怎么会愉快，又怎么会幸福！而心情上没有负债，其实和"问心无愧"是相通的。只要不做亏心事，对人无所亏欠，不必胆战心惊，怕别人找上门来，自然可以心情愉快。

金句补给站 ▶ 健康的身体是灵魂的客房；生病的身体是灵魂的监牢。

—— 弗朗西斯·培根，英国唯物主义哲学家

"A healthy body is the guest-chamber of the soul; a sick, its prison."

— Francis Bacon

享乐要趁早

"人的前半生有能力在没有机运的情况下享乐;人的后半生有了机运,却无能力享乐。"

Mark Twain

——马克·吐温

"The first half of life consists of the capacity to enjoy without the chance; the last half consists of the chance without the capacity."

马克·吐温（1853～1910）是19世纪美国小说家，也是以幽默见长的演说家，博学多闻。他的文笔以生活化叙述与口语化用词跳脱美国文学的传统，在美国文学史上占有举足轻重的地位。他的作品有《汤姆·索亚历险记》(The Adventures of Tom Sawyer)、《哈克贝利·费恩历险记》(The Adventures of Huckleberry Finn)、《王子与贫儿》(The Prince and the Pauper)、《马克·吐温自传》(The Autobiography of Mark Twain) 等二十余部。

马克·吐温出生于美国密苏里州。他家境贫寒，12岁丧父，并未受过完整教育。但少年时的困苦生活，也成为他日后创作的摇篮。他曾当过排版工人、水手、矿工，当记者时他以"马克·吐温"为笔名发表文章，一炮而红。他尤其擅写生活纪实的冒险故事，讽喻当时社会现象。

马克·吐温的代表作《汤姆·索亚历险记》出版于1876年，是以自己4岁起长年居住的密西西比河为背景，描写顽皮男孩汤姆、哈克等人的冒险故事。1885年，他又出版续集《哈克贝利·费恩历险记》，描写男孩哈克贝利摆脱世俗羁绊寻求自由，并协助黑奴吉姆逃亡、争取自由的故事。

许多人前半辈子拼命赚钱，想着"后半辈子要好好享受"，到头来却发现自己因长期过度劳累而无法享受，不然就是事情已经忙到身不由己，根本没有心情与时间享受。享乐要趁早，即使只是小小的生活乐趣也好，千万别在年轻时为了事业或金钱就放弃一切生活，因为下半辈子你未必有福消受。

> 金句补给站 ▶ 很多人之所以失去自己那份快乐，不是因为他们找不到，而是因为他们没停下来享受。
> ——威廉·斐勒，美国作家
> "Plenty of people miss their share of happiness, not because they never found it, but because they didn't stop to enjoy it."
> — William Feather

工作与玩乐都认真

"玩乐时认真玩乐；工作时认真工作。"

——西奥多·罗斯福

"When you play, play hard; when you work, don't play at all."

西奥多·罗斯福（1858～1919）是美国第26届总统，于1901～1909年在位，一般称为"老罗斯福"，他的远房堂侄富兰克林·罗斯福（Franklin D. Roosevelt）是美国第32届总统，一般称为"小罗斯福"。老罗斯福曾因调停1905年的日俄战争，在次年获颁诺贝尔和平奖。

老罗斯福出生于纽约的富裕家庭，毕业于哈佛大学，曾任海军部副部长。1898年西班牙战争时，他率领美国第一义勇骑兵团作战，其后当选纽约州长。1901年，在位的麦金莱（William McKinley）总统遇刺身亡，时任副总统的他依法继任总统。上任后他促成巴拿马运河的兴建，并增加国家公园和国家森林，以保护自然生态。他也积极推行反托拉斯法令，防止大企业以限制竞争的方式侵占大众权益。老罗斯福以待人亲和著称，处理内政外交时无不秉持"说话和气，但手持巨棒"的哲学，展现"外柔内刚"的高明手腕。

目前受人欢迎的绒毛熊"泰迪熊"，就是由他的小名"泰迪"（Teddy）而来的。一次外出猎熊时，随从发现一只受伤的熊，但他认为猎杀受伤的动物有损运动家精神而拒绝杀掉它。有漫画家画成单格漫画刊登在报上，"泰迪的熊"（Teddy's Bear）一词就传开来了。后来有商人用它来作为绒毛玩具熊的名字，逐渐成为一股风潮。

工作时就专心工作，不要想着玩乐，否则没效率；玩乐时就尽情玩乐，不要还担心工作的事，不然还不如不要玩。唯有这样桥归桥、路归路，我们才能提升工作效率，把节省下来的时间用于玩乐，也才能在玩乐放松时，累积更多能量以备再次投入工作。

金句补给站 ▶ 如果我们言行不一，就不可能幸福。
—— 芙瑞雅·斯塔克，英国旅行家
"There can be no happiness if the things we believe in are different from the things we do."
— Freya Stark

量入为出

"年收入 20 镑,年支出 19.6 镑,结果很幸福。年收入 20 镑,年支出 20.6 镑,结果很悲惨。"

Charles Dickens

——查理斯·狄更斯

"Annual income twenty pounds, annual expenditure nineteen six, result happiness. Annual income twenty pounds, annual expenditure twenty pound ought and six, result misery."

狄更斯（1812～1870）是19世纪英国最伟大的作家之一，共完成14部长篇小说及许多中短篇小说，大幅描绘当时英国的社会现实。作品有《双城记》(*A Tale of Two Cities*)、《雾都孤儿》(*Oliver Twist*)、《大卫·科波菲尔》(*David Copperfield*)、《美国纪行》(*Dickens' American Notes*)等。

狄更斯出生于英国中南部，曾当过律师行缮写员、议会通讯记者，后来才在杂志上发表文章、连载小说。1836年，他的第一部小说《匹克威克外传》(*The Pickwick Papers*)大受欢迎，开启了他三十多年的写作生涯。狄更斯很有悲天悯人的情操和强烈的道德意识，常以写实手法揭露当时许多社会问题与人性黑暗。他的作品充满性格分明的角色与高潮迭起的情节，因而饱受读者喜爱。

他的《双城记》一书以法国大革命为背景，描写发生于巴黎与伦敦两个城市中，贵族与平民对立的情节。狄更斯还写过描述孤儿奥利弗坎坷命运的《雾都孤儿》，描述丧父主角如何面对继父凌虐、与命运搏斗的《大卫·科波菲尔》以及访美回国后所写的、大肆批评美国现状的《美国纪行》等。

狄更斯小时候父亲负债入狱，致使他小小年纪就必须到工厂做苦工，因此很能体会工人生活及其不幸。他常深入描写市井小民的无奈与悲惨，引人共鸣。为写好流浪汉的角色，他还曾假扮乞丐，在家门外向自己的女仆讨汤喝。

狄更斯这个句子出自于《大卫·科波菲尔》，刚好可以用来反映现代社会中的"卡奴"问题。如果赚得少花得多，自然不幸福；赚得多花得少，自然就幸福了。这道理很简单，但许多出于一己私欲而失去理智购物的"卡奴"，在享受刷卡快感的当时，是否只知道眼前的短暂快乐，而忘了考虑长远的幸福？

金句补给站 ▶　自给自足的人最幸福。
　　　　　　　　　　　　　　—— 亚里士多德，古希腊哲学家
　　　　　"Happiness belongs to the self-sufficient."
　　　　　　　　　　　　　　　　　　　— Aristotle

拓展兴趣,保持善意

"幸福的秘诀是:尽可能让自己的兴趣广泛;对于你感兴趣的事与人,尽可能保持友善,去除敌意。"

Bertrand Russell

——伯特兰·罗素

"The secret of happiness is this: let your interests be as wide as possible, and let your reactions to the things and persons that interest you be as far as possible friendly rather than hostile."

罗素（1872～1970）是英国数学家、哲学家和逻辑学家，他是逻辑分析法与现代分析哲学的创建者，曾到中国讲学。他的著作繁多，有《数学原理》(*Principia Mathematica*)、《西方哲学史》(*History of Western Philosophy*)等七十余部，以及包括哲学、数学、伦理、政治、历史、文学以及教育等领域在内的数千篇论文。他的哲学作品对人类道德文化有贡献，因而在1950年获颁诺贝尔文学奖。

罗素出生于威尔士，出身名门，祖父曾在维多利亚时代两度担任英国首相。他18岁进入剑桥大学三一学院，后以论文《论几何学基础》获得剑桥大学研究员资格。他师从数学家怀海德，于39岁时完成三大卷的《数学原理》，对数学的发展影响深远。

罗素很反对宗教，曾说"宗教是出于恐惧而产生的病症，是人类灾难深重的渊源"，强调人类若要进步，就要依据科学、摒弃宗教。他也是反战分子，第一次世界大战期间他坚持反战，因而入狱六个月，但第二次世界大战时却因不满纳粹侵略而未采反战立场，战后才又恢复反战，并筹办"罗素和平基金会"。

一个人如果能让自己的兴趣广泛，生活中就能接触许多不同领域的乐趣。缺乏广泛兴趣的人，久了可能对自己为数不多的兴趣感到厌烦，不然就是过度埋首于相同的兴趣，而忘了世上还有其他的美好事物。对感兴趣的事与人，我们当然要保持友善，去除敌意；如果我们无法保持友善的心，只有满心怀疑的话，可能永远无法与这些我们感到有兴趣的人与事亲近。

金句补给站 ▶ 人们之所以寂寞是因为他们不筑桥而筑墙。
——约瑟夫·牛顿，心灵激励大师
"People are lonely because they build walls instead of bridges."
— Joseph F. Newton

简单就是好

"只要你让生活简单,宇宙的法则也会变简单。孤独不会是孤独,贫困不会是贫困,软弱也不会是软弱。"

——亨利·大卫·梭罗

"As you simplify your life, the laws of the universe will be simpler; solitude will not be solitude, poverty will not be poverty, nor weakness weakness."

梭罗（1817～1862）是19世纪美国思想家、作家和诗人，和另一位美国名作家爱默生是好友，两人均为超现实主义（或称超验主义，Transcendentalism）代表性人物，主张人应该相信自己内心的想法与直觉。著作有自然文学经典《瓦尔登湖》（*Walden*）、《在康德科河与梅里麦克河一周》（*A Week on the Concord and Merrimack Rivers*）、《公民不服从》（*Civil Disobedience*）等。他的著作在生前地位并不高，第一次世界大战后才渐受重视。

梭罗出生于美国马萨诸塞州，父亲原本经商，生意失败后改行制造铅笔。梭罗毕业于哈佛大学英语系，曾教过书，也曾帮忙父亲的事业。他积极参与废奴运动，帮助黑奴逃亡，并发表文章或演说批判蓄奴制度。

梭罗的代表作《瓦尔登湖》出版于1854年，主要记录他在瓦尔登湖畔亲手搭建木屋，居住两年多的体验。他在书中谈及自己的生活经验、想法以及心灵感触，除呼吁人们回归大自然，也倡导简朴生活与心灵探索的重要性。该书内容结合自然、人文和超验主义理念，影响不少日后的自然文学、科学家与环境学家。

人之所以觉得自己不幸福、觉得生活黑暗，有时候只是因为自己把它看得太复杂了。若能改采"事事简单平淡"的角度去看，很多原本惊天动地的大事情，其实并没有想象中那么严重。只要能让自己生活简单、欲望少，简单的幸福或许就近在咫尺。

金句补给站 ▶ 人只要能自信满满朝梦想迈进、努力过他理想中的生活，就会获得平常意想不到的成功。
—— 亨利·大卫·梭罗，美国超验主义作家
"If one advances confidently in the direction of his dreams, and endeavors to live the life he has imagined, he will meet with a success unexpected in common hours."
— Henry David Thoreau

奉献的喜乐最真

"只有视人生为奉献、拥有除个人幸福外的坚定生活目标,喜乐才最真。"

Leo Tolstoy

——托尔斯泰

"Joy can be real only if people look upon their life as a service, and have a definite object in life outside themselves and their personal happiness."

托尔斯泰（1812～1910）是19世纪俄国小说家、社会改革家、和平主义者、道德思想家，作品富于宗教精神及人道主义思想，写实地描绘俄国社会，包括长篇小说《战争与和平》(*War and Peace*)、《安娜·卡列尼娜》(*Anna Karenina*)等，另有数十则中短篇小说，以及剧本、书信、日记、论文。

托尔斯泰是贵族出身，出生于莫斯科南方165公里的图拉。父母在他10岁前均已亡故，但家产足以供他生活无虞。他曾就读于喀山大学东方语言学系，后参加俄国大战英、法、土耳其三国但战败的"克里米亚战争"。战后他漫游欧洲，返乡后兴办学校，提倡人道主义。

他的小说《战争与和平》是在1863年至1869年期间，历经七次修改才完成。全书共580个角色，以1812年拿破仑侵俄一役为中心，描述三个俄罗斯贵族家族历经无数苦痛后，终于在战争与和平的年代里，体验出人生真谛。60岁后，由于关怀农民在受到地主、官吏欺压外还要受到资产阶级的压迫，他的文风丕变，从《战争与和平》史诗般的笔触，转为《傻子伊凡》(*Ivan the Fool*)等平易近人、带有宗教与道德色彩的作品，希望能传达到教育水平较低的一般农民心中。

处于现代社会，大多人似乎都汲汲营营，只顾追求一己的幸福，然后患得患失，终日因得到而快乐，因失去而沮丧。如果我们能改采奉献的态度，除了对个人幸福的追求，也以他人幸福、以群体幸福为目标的话，那样的喜乐会是最真的。喜乐既然来自于奉献，你给得愈多就愈欣慰。

> 金句补给站 ▶ 活着而无目标，就像行船没有罗盘。
> ——大仲马，法国浪漫主义作家
> "Living without an aim is like sailing without a compass."
> — Alexandre Dumas

不要盲从

"人要想让自己的灵魂充满活力,就要知道自己喜欢什么,不要只会谦卑地对世界告诉你该喜欢的事说'阿门'。"

Robert Louis Stevenson

——史蒂文森

"To know what you prefer instead of humbly saying Amen to what the world tells you you ought to prefer, is to keep your soul alive."

史蒂文森（1850～1894）是英国小说家、诗人、散文作家和游记作家，善于描写新奇浪漫事物，著有《金银岛》(Treasure Island)、《新天方夜谭》(The New Arabian Nights)、《化身博士》(The Strange Case of Dr. Jekyll and Mr. Hyde)、《绑架》(Kidnapped)等作品。

史蒂文森出生于苏格兰爱丁堡，大学时就开始写作，为养病曾旅居法国、荷兰、英国、瑞士等地，早期写过《内陆航程》(An Inland Voyage)、《驴背旅程》(Travels with a Donkey in the Cevennes)等记述游历法国的作品。1883年，史蒂文森出版代表作《金银岛》，描述少年吉姆从垂死的船长手中取得藏宝图后，组成探险队前往荒岛寻找海盗财宝的故事，成为享誉英国文坛的作家。

1886年的《化身博士》出版半年就销售4万本，谈的是人性中的善恶交战。他以现实生活中的窃盗案件为灵感构思出这本小说，主角是具有双重人格、表面上性格善良的医生杰奇（Jekyll），他透过药物让自己变成外型与性格都不同的恶人海德（Hyde），因而衍生出离奇故事。后来"Jekyll and Hyde"一词，就被用于指"双重人格的人"。

这年头，许多人看到世界流行什么，就模仿什么；别人抢购什么，就跟随什么。主流的价值观、主流的想法，也许刚好也是你的价值观或想法，但在全盘接受前，是否还是先问问自己：这真的是我要的吗？如果你真正的心意并非如此，也许停止盲从、回归自己的想法，才是走向幸福的正确道路。

金句补给站 ▶ 人要想获得幸福不能只靠享受东、享受西，也要享受希望、进取心以及改变。
—— 伯特兰·罗素，英国逻辑学家和哲学家
"Man needs, for his happiness, not only the enjoyment of this or that, but hope and enterprise and change."
— Bertrand Russell

放下白日梦

"光作梦而不生活是没有用的。"

——J.K. 罗琳

"It does not do to dwell on dreams and forget to live."

J.K. 罗琳（1965～）是英国小说家，她的《哈利·波特》系列作品共七册，连续创下销售最快的历史记录，改编而成的电影《哈利·波特》成为华纳兄弟电影公司的最卖座系列电影，故事角色和情节已被用来建造主题乐园。罗琳另著有《神奇的魁地奇球》（*Quidditch Through the Ages*）、《神奇动物在哪里》(*Fantastic Beasts and Where to Find Them*)两部相关作品。在 2006 年《福布斯》杂志公布的全球富豪排行榜中，她以 10 亿美元身价排名第 746 位。

罗琳出生于英国，本名乔安妮·凯瑟琳·罗琳（Joanne Kathleen Rowling），从小喜欢写作与讲故事，6 岁就写了有关兔子的故事。她大学主修法语，后来到葡萄牙教英文，与当地一位电视记者结婚，但随即离婚，回到英国爱丁堡，以微薄的失业救济金养活自己与女儿。失业时她以五年时间完成《哈利·波特》第一部，但因屡遭出版社拒绝，一年后才找到小出版社布鲁姆斯伯里（Bloomsbury）愿意帮她发行。《哈利·波特》系列作风靡全球后，罗琳一跃而为畅销作家，该出版社也成为全球数一数二的童书出版公司。

这个句子出自《哈利·波特》第一部《哈利·波特与魔法石》，是魔法学校的校长邓布利多对主角哈利·波特讲的。邓布利多发现哈利·波特无意中找到学校过去留下的一面能反映出人的深层欲望、看到虚幻美好假象的"厄里斯魔镜"，常在半夜跑去看镜子作梦，迷失了自己，因而以这句话点醒他。生活无法光靠作梦就过得好，我们必须放下白日梦，卷起袖子实际动手，美好的成果才可能到来。

金句补给站 ▶ 所谓的幸福秘诀，不过就是有意愿去选择生活。
—— 李奥·巴斯卡格利亚，美国心理励志作家
"What we call the secret of happiness is no more a secret than our willingness to choose life."
— Leo Buscaglia

以做自己为乐

"每天早晨起床时,我都体验到无上的喜悦——我可以当达利。"

——达利

"Each morning when I awake, I experience again a supreme pleasure - that of being Salvador Dali."

达利（1904~1989）是西班牙画家，也是 20 世纪超现实主义大师，与毕加索、米罗并称"西班牙三杰"。超现实主义反对既定的艺术观念，根据弗洛伊德的潜意识学说，以奇幻的宇宙取代现实，创造出超越现实的世界。达利的作品有描绘软绵绵钟表的《记忆的永恒》(The Persistence of Memory) 等一千五百余幅，并著有自传《达利的秘密生活》(The Secret Life of Salvador Dali)。

达利出生于西班牙东北部小城菲格雷斯(Fiqueres)，从小热爱绘画，对生活中异常而新奇的事物高度敏感。他 6 岁就能画出成熟的风景画，10 岁就以印象派画家自居。17 岁时他曾进入马德里的圣费南度美术学院（San Fernando Academy of Fine Arts）就读，但因为所喜爱的艺术形式与学校教授大相径庭而遭开除。25 岁时，他在巴黎举行第一次个展，不到 30 岁就获得国际声誉。

达利在 1929 年参加超现实主义运动以来，就给予艺术世界极大影响。他的创作特色是将现实世界中的实体扭曲变形。例如在《人形橱柜》(The Anthropomorphic Cabinet) 一作中，达利就把人体化为许多抽屉，可说是他相当典型的作品。

我们每天起床后，是不是多半在慌乱中上学、上班，开始忙碌的一天，而忘了在一天的开始给自己一点喜悦？如果能像达利一样，一起床就因为"今天又可以当自己"而感到喜悦，明白自己一整天的各种忙碌都是为做自己、为了实现自我的话，那么所有的忙碌与劳累都将给人不同的感受，不再只是让人抱怨到不行的"生活负担、无可奈何"了。明天起床，就开始试试看吧！

> **金句补给站** ▶ 我从不认为自己是偶像，我脑中没有别人脑中的想法，我只是做自己想做的。
> —— 奥黛莉·赫本，好莱坞经典女演员
> "I never think of myself as an icon. What is in other people's minds is not in my mind. I just do my thing."
> — Audrey Hepburn

笑口常开

"如果你一天没笑,那这一天就浪费掉了。"

Charles Chaplin

——卓别林

"A day without laughter is a day wasted."

卓别林（1889～1977）是好莱坞知名喜剧演员和导演，有"默片大师"称号。他常演出遭人轻蔑的角色，以破烂圆顶礼帽、细短拐杖和小胡子，搭配小得可怜的上衣、肥长的裤子和大头皮鞋，构成富喜剧效果的"绅士流浪汉"形象，透过出色的喜剧表演，达到悲喜剧的艺术效果。卓别林一生共拍摄八十余部喜剧影片，包括《城市之光》(*City Lights*)、《大独裁者》(*The Great Dictator*)、《摩登时代》(*Modern Times*)、《淘金记》(*The Gold Rush*)等。著有《卓别林自传》(*My Autobiography*)。

卓别林出生于英国伦敦，母亲就是演员，受母亲影响，他从小就会用眼睛、面部表情和手表达情感、传达讯息。由于家境贫困，他8岁就加入兰开夏歌舞团，17岁时，他加入卡尔诺剧团成为哑剧演员，23岁时随团至美国表演，并开始在好莱坞演出，他的荒谬有趣的表演，常令人捧腹大笑。卓别林的喜剧作品大部分由自己编导、主演、配乐，而且有四大特色，一是挞伐不公正、不人道的资本主义社会，反抗剥削与压迫；二是反对法西斯独裁，谴责侵略战争；三是歌颂底层小人物的真性情；四是针砭人性的弱点，警示世人。

卓别林这句话虽短，但很有意思。以他之意，"笑"是让一天变得美好、变得有价值的关键。如果一整天没有笑过，那这一天不管做了再多事，有再多的成果，都等于浪费掉了；如果这一天曾经笑过，那这一天不管再怎么挫折、再怎么失败，都可以算是没有浪费。找什么名义都好，听喜欢的音乐，与伴侣、亲友促膝长谈，甚或只是在路边吃到一支美味的猪血糕，都可以是你笑上心头的理由。今天开始，就让自己天天都微笑！

> 金句补给站 ▶ 每天若没跳至少一次舞，那这一天就算是白过了。
> —— 尼采，德国文学家和哲学家
> "We should consider each day lost on which we have not danced at least once."
> — Friedrich

阅读解千忧

"我还没碰过任何烦恼是你读一小时书都还无法抒解的。"

Charles Louis Montesquieu

——查尔斯·路易·孟德斯鸠

"I have never known any distress that an hour's reading did not relieve."

孟德斯鸠（1689～1755）是法国政治思想家，也是18世纪启蒙运动代表人物。他提出的行政、立法、司法"三权分立"概念，影响了美国宪法、法国宪法、普鲁士法典以及现代多国的宪法。著作有《论法的精神》(The Spirit of the Laws)、《波斯人信札》(Persian Letters)等十余部。

孟德斯鸠出生于法国波尔多(Bordeaux)的贵族世家，曾担任律师。19岁至25岁间，孟德斯鸠常到巴黎居住，他记录了自己在那里看到的不合理现象，积稿十年，在1721年出版书信体小说《波斯人信札》，借由到法国游历的两个波斯旅人批判法国封建朝廷的种种弊端，也揭开启蒙运动全面攻击旧体制的序幕。

孟德斯鸠发现英国在1688年的光荣革命后渐渐建立君主立宪政体，再加上法王路易十四晚年朝政混乱，去世后年仅5岁的路易十五接位，由母后摄政，法国社会一样动荡不安，这两件事都让他希望法国能建立英国式的政体。1748年，他发表重要著作《论法的精神》，提出"三权分立"概念，主张由君主执掌行政权、议会行使立法权、法院专事司法权，既独立又相互牵制，可以彼此平衡。他的论点成为现代西方国家政治与法律制度的理论依据，也推动了1789年的法国大革命发生。

阅读其实是解除生活烦忧的良好药方，每天我们拖着疲惫的身心回到家中，用餐洗澡后，不妨就挑入睡前的夜深人静时分，捧一本爱书在手中，细细品读字里行间的故事或情节、知识或信息，顺势把一天的烦恼抛诸脑后，愉快进入梦乡。这样的幸福虽然平凡，但只要愿意就唾手可得。何不挑本好书一试？

> **金句补给站** ▶ 如果你只想要幸福，那很容易。但我们常会希望"比别人幸福"，这通常很难，因为我们都认为别人比我们幸福。
> ——查尔斯·路易·孟德斯鸠，"三权分立"概念提出者
> "If one only wished to be happy, this could be easily accomplished; but we wish to be happier than other people, and this is always difficult, for we believe others to be happier than they are."
> — Charles Louis Montesquieu

幸福藏在日常琐事里

"要使人生幸福,就非得喜爱日常琐事不可。"

Akutagawa Ryunosuke

——芥川龙之介

"人生を幸福にするためには、
　　日常の瑣事を愛さなければばらぬ。"

芥川龙之介（1892～1927）是日本大正时代经典作家，是另一名作家夏目漱石晚期的弟子，也是20世纪初日本"新思潮派"最为重要的代表作家。他擅以古日本或中国为背景，撰写刻画人物心理状态的短篇小说，内容取材新颖、情节新奇甚至诡异。他的作品凄绝中带有嘲讽，严肃而不失幽默，包括有《罗生门》《竹林中》《鼻子》《地狱变》《河童》等一百五十多部。电影大师黑泽明曾采用《竹林中》的故事内容，再改编小说《罗生门》的部分背景，拍摄成轰动影坛的电影《罗生门》。

芥川龙之介出生于东京，号"澄江堂主人"，笔名"我鬼"。由于出生于辰年辰月辰日，故取名为"龙之介"。自幼接受中日古典文学熏陶，喜欢的作品包括《西游记》《水浒传》。21岁时进入东京帝国大学英文系就读，次年发表处女作《老年》及剧作《青年与死》，再次年又发表《罗生门》。24岁时的《鼻》则获得夏目漱石高度赞赏。以全系第二名毕业后，他曾在海军机关学校任教三年，后以新闻社海外特派员身份走访中国，但健康因而出问题，造成失眠症与神经衰弱。1927年，他因健康问题与精神苦闷而服药自尽，年仅35岁。为纪念他，文学家菊池宽在1935年成立"芥川赏"，现在成为日本新人扬名文坛的一大文学奖。

这又是一个告诉我们"幸福来自于平凡日常生活"的句子。日常琐事往往是心烦的来源，但人生难免有琐事，难道要每天都烦恼于这些琐事而无法幸福吗？所以说，要使人生幸福，就非得喜爱日常琐事不可。只要视琐事为造就幸福人生的一部分，它们将会变得可爱，琐事也就不成琐事了。

> 金句补给站 ▶ 人生有了微小变化时，才算是真的活过。
> ——托尔斯泰，俄国文学家
> "True life is lived when tiny changes occur."
> — Tolstoy

计算喜悦

"人喜欢计算自己碰到多少麻烦,却不去计算自己拥有多少喜悦。如果他动手去算,他会发现上天已经给每个人足够的幸福。"

Fyodor Dostoevsky
——陀思妥耶夫斯基

"Man is fond of counting his troubles, but he does not count his joys. If he counted them up as he ought to, he would see that every lot has enough happiness provided for it."

陀思妥耶夫斯基（1821～1881）是19世纪俄国写实主义小说家，著有《罪与罚》(Crime and Punishment)、《死屋手记》(Memoirs from the House of the Dead)、《地下室手记》(Notes from the Underground)、《卡拉马佐夫兄弟》(The Brothers Karamazov)、《赌徒》(The Gambler)等作品。

陀思妥耶夫斯基出生于莫斯科，是没落贵族后裔。他毕业于圣彼得堡军事理工学院，28岁时遭指控资助反对沙皇者而遭逮捕，被判死刑，临刑前获沙皇改判苦役，流放西伯利亚，刑满后就地充军，至38岁才重获自由。

25岁时，他出版描写市井小民的第一本小说《穷人》，获得俄国著名文学评论家别林斯基赞赏。他在1866年出版的名著《罪与罚》一书描述长久为贫苦所困的大学生砍死了放高利贷的刻薄老太婆，原本他认为自己是为民除害，却开始不安与恐惧，后来精神崩溃，在不幸的圣洁少女感化下，终于投案自首的故事。1880年他的最后一部小说《卡拉马佐夫兄弟》则描写各有性格与欲念的四兄弟，出于无可压抑的忿恨与报复情绪，卷入弑父谋杀案的故事，对人性的深层心理刻划细腻。

有些人常常看坏不看好。明明已经有许多"喜悦"在身旁，却视而不见，眼中只有那些烦扰人心的"麻烦"，结果自己让自己不开心。如果换个角度，主动计算自己手中有多少喜悦的话，其数量之多，往往会让人咋舌。不是上天没有给我们幸福，只是我们自己不将它当一回事，没有去珍惜重视罢了。

> **金句补给站** ▶ 我们很容易忘记，幸福不是来自于取得我们所没有的东西，而来自于认同与珍惜我们拥有的东西。
> —— 弗列迪克·科宁，滚筒印刷术发明人
> "We tend to forget that happiness doesn't come as a result of getting something we don't have, but rather of recognizing and appreciating what we do have."
> —— Frederick Koenig

细水长流

"让人幸福的不是财富与绚烂，而是心灵平静与职业。"

——托马斯·杰斐逊

"It is neither wealth nor splendor; but tranquility and occupation which give happiness."

杰斐逊（1743～1826）是美国第3届总统。他是美国开国元老之一，曾在另一开国元老富兰克林协助下起草《独立宣言》(Declaration of Independence)。他曾任国会议员、弗吉尼亚州(Virginia)州长、驻法国大使、国务卿等职，1800年当选美国第3届总统，连任至1808年。卸任后，他创办了弗吉尼亚大学。

杰斐逊出生于美国弗吉尼亚州，精通建筑学与五种语言。他1762年毕业于威廉与玛丽学院，五年后取得律师资格。26岁时他进入殖民地议会，成为反英国领袖之一。1774年他曾撰写《英属北美权利概要》(A Summary View of the Rights of British America)，指出英国国会无权为殖民地制定法律，殖民地人民也拥有天赋人权，可以脱离所属国家、建立新社会。两年后他起草《独立宣言》，宣布脱离英国的统治，阐扬人类生而自由平等的权利，美国因而诞生。

杰斐逊认为"生命、自由以及追求幸福是天赋权利"，在当选总统前曾有句捍卫言论自由的名言，"如果要我在'有政府而没报纸'以及'有报纸而没政府'之中二选一，我会毫不犹豫选择后者"（Were it left to me to decide whether we should have a government without newspapers or newspapers without a government, I should not hesitate a moment to prefer the latter.）。

财富可能用尽，绚烂也会有归于平淡的一天。但心灵平静与自己喜欢的职业，则是可以要多久就多久的。幸福如果建立在华丽但短暂的事物上，也会跟着短暂，所以最好的方式，应该是以能细水长流的事物作为养分，这样才能培养出真正的幸福。

> 金句补给站 ▶ 别和那些比我们有钱的人比较，而要与大多数与我们相同的人比较。你会发现自己很幸福。
> —— 海伦·凯勒，美国身障教育家
> "Instead of comparing our lot with that of those who are more fortunate than we are, we should compare it with the lot of the great majority of our fellow men. It then appears that we are among the privileged."
> —— Helen Keller

踏实的幸福

"幸福来自于做好一天的工作,来自于点灯照亮围绕我们的浓雾。"

——亨利·马蒂斯

"Derive happiness in oneself from a good day's work, from illuminating the fog that surrounds us."

马蒂斯（1869～1954）是法国艺术家，也是20世纪初最前卫的美术流派"野兽派"领导人物。在西方美术史的进程中，地位堪称与毕加索并驾齐驱。他的作品以东方主义色彩与装饰风格著称，早期承继印象派画风，后来逐渐发展出抢眼风格，以纯色取代光影、以表现取代写实，演变为色彩鲜艳、色调对比强烈的"野兽派"（Fauvism）。此外他的作品也受到原始淳朴的非洲雕刻影响，以画面的简洁明晰为特色，线条运用与色彩构成单纯。晚年由于健康不佳，他放弃油画和雕刻，创作出更受欢迎的剪贴画。

马蒂斯出生于法国北部，他曾到巴黎学习法律，并于律师事务所担任书记员。22岁盲肠手术住院时收到母亲赠送的画具和颜料，从此在从未接受绘画训练的情况下，弃法律习画。一开始他以探究新印象派的画风为主，发展出分解色彩与取材大自然光线的风格。他常呼朋引伴到卢浮宫临摹名家作品，学到许多用色技巧。在1905年的巴黎秋季沙龙展上，马蒂斯等年轻画家风格强烈的作品宛如野兽般包围了一座传统派雕刻，因而产生"野兽派"的名称。

如果工作是我们的本分，做好一天的工作让我们心安；如果工作是我们的热情所在，做好一天的工作让我们心满意足。两者一样带来踏实而平凡的幸福。至于围绕在我们身边的浓雾，或许会让我们一时迷失其中而担心受怕，但只要我们勇于点起灯来照亮它，还是可以在笔直大道上十分安稳地前进。

金句补给站 ▶ 当你分不清自己在做一件事到底当它是工作还是当它是玩乐时，你就成功了。

—— 沃伦·比蒂，美国老牌男星

"You've achieved success in your field when you don't know whether what you're doing is work or play."

— Warren Beatty

丰富胜过长久

"活得最丰盛的人不是活得最久的人,而是活出最丰富经验的人。"

Jean Jacques Rousseau

——让·雅克·卢梭

"The man who has lived the longest is not he who has spent the greatest number of years, but he who has had the greatest sensibility of life."

卢梭（1712～1778）是18世纪法国知名思想家、教育家和文学家，是法国启蒙运动代表人物。其政治思想影响法国大革命、社会主义理论的形成以及国家主义的诞生。卢梭一生共有47部作品，包括《民约论》(The Social Contract，又译《社会契约论》)、谈儿童教育的《爱弥儿》(Emile)、告解自己早年荒诞不经生活的自传《忏悔录》(Confessions)等。

卢梭出生于瑞士日内瓦，祖先原为法国人，因受宗教迫害流亡到日内瓦。母亲生下他两周后就去世，父亲也在他10岁时与人争执而逃离日内瓦，卢梭顿成孤儿。他当过书记员与雕刻学徒，曾以演奏维生，也当过法国驻威尼斯大使的助理。其间他自习了笛卡尔等哲学家的作品，以及数学、历史、地理、天文等知识。

1762年，卢梭出版《民约论》，以"主权在民"论点对抗"君权神授"，认为"人民的权利是生而自由平等的"，后来延伸为法国大革命的口号"自由、平等、博爱"，也影响了美国独立时的《独立宣言》以及法国大革命的《人权宣言》。卢梭在小说《爱弥儿》中提出对儿童教育的看法，他认为应该分为婴儿期（0～2岁）、儿童期（3～12岁）、青年前期（12～15岁）、青年期（15～20岁）四个时期施以不同教育。由于《民约论》与《爱弥儿》二书对现实的批判，他曾受到当政者迫害，逃离法国。

以卢梭的观点，人生活得长久，不代表就活得有价值、丰富。如果生命不那么长久，但尽全力活得多彩多姿、活得有内容，或许还更值得。

金句补给站 ▶ 幸福就是好银行账户、好厨师、好消化。
——让·雅克·卢梭，《民约论》作者
"Happiness: a good bank account, a good cook and a good digestion."
— Jean Jacques Rousseau

活得可敬

"人生在世不一定要活得幸福,但一定要活得可敬。"

Immanuel Kant

——伊曼努尔·康德

"It is not necessary that whilst I live I live happily; but it is necessary that so long as I live I should live honorably."

康德（1724～1804）是18世纪德国古典哲学和美学的奠基者，他是启蒙时期的唯心主义哲学家，也是现代欧洲最有影响力的思想家之一。著有三大批判作品《纯粹理性批判》(*Critique of Pure Reason*)、《实践理性批判》(*Critique of Practical Reason*)、《判断力批判》(*Critique of Judgment*)以及《未来形而上学导论》(*Prolegomena to any Future Metaphysics*)、《道德的形而上学基础》(*Groundwork of the Metaphysics of Morals*)、《完全在理性范围内的宗教》(*Religion Within the Limits of Reason Alone*)等二十余部作品。

康德出生于东普鲁士，16岁起在哥尼斯堡大学攻读哲学、数学与神学。他曾因家中贫困而当过家庭教师，后来取得博士学位，在该大学任职四十余年。其作品《纯粹理性批判》一书的第一版与第二版分别出版于1781年与1787年，堪称现代哲学中有关美学的基础著作。该书谈的是人的思想与认识能力，解决了"我能够知道什么"的问题，属逻辑学范畴，其目标为"真"；1788年的《实践理性批判》谈论人的意志及道德原则，解决了"我应该做什么"的问题，属伦理学范畴，其目标为"善"；1790年，他又出版使美学走向成熟的《判断力批判》一书，内容是关于人的情感及审美原则，属于美学的范畴，其目标为"美"。

人人都想要人生幸福，但"是否活得可敬"，却不是人人都重视。如果为了让人生照自己的意思快乐幸福，就变得不择手段，或是牺牲了自己的尊严，这样的幸福，还算是真幸福吗？其实，只要活得让人可敬，就算无法达成世俗价值观中的幸福，也一样是足以安慰的另一种幸福了。

金句补给站 ▶ 一个人如果自己想当虫，就不能抱怨有人踩他。
—— 伊曼努尔·康德，德国唯心论哲学家
"If man makes himself a worm he must not complain when he is trodden on."
— Immanuel Kant

自然的疗愈

"当你对事业、政治、交际等事项感到疲累,从中找不到任何满足,或彻底觉得厌烦时,你还可以拥抱自然。"

Walt Whitman

——沃尔特·惠特曼

"After you have exhausted what there is in business, politics, conviviality, and so on - have found that none of these finally satisfy, or permanently wear - what remains? Nature remains."

惠特曼（1819～1892）是19世纪美国诗人和散文家，和爱默生、梭罗同为超现实主义（或称超验主义，Transcendentalism）作家，强调人的价值，主张人应该相信自己内心的想法、重视直觉、反抗权威。他是民主主义诗人，也是美国浪漫主义的代表文学作家，由于作品充满民主自由的人道主义精神，以及各种死亡与灵魂的意象，美国人称他为"民主的吟游诗人"。著有《草叶集》（*Leaves of Grass*）、《鼓声》（*Drum Taps*）、《民主远景》（*Democratic Vistas*）、《十一月的枝桠》（*November Boughs*），自传式笔记《典型的日子》（*Specimen Days and Collect*）等书。

惠特曼出生于美国纽约州的长岛（Long Island）一个贫穷的木匠家庭，11岁时辍学去当印刷学徒，曾任排版工人、老师、记者、报纸编辑等职。1850年至1854年间，他一面从事木工，一面潜心写诗，以大自然为创作源头，从中汲取力量及灵感。1855年，36岁的他自费出版诗集《草叶集》第一版，歌颂民主精神与自由之爱，受到爱默生等人的赞扬，后来他还陆续增补作品内容。他的诗作在形式上相当自由，不要求特定诗韵，而且带有强劲风格与真实情感，许多作曲家都喜欢引用。

生活在都市里的我们，常因为过于忙碌，而迷失在事业与交际之中，一天一天就这样过去，却忘了世界除了都市之外，还有大自然的存在。找个假日，关掉电视、计算机，收起Pad、手机，单纯地到户外呼吸几口新鲜空气，感受鸟语花香，就是去除对生活厌烦的最好方式。拥抱自然，就是拥抱幸福。

金句补给站 ▶ 研究自然，热爱自然，与自然靠近，它永不会让你失望。

—— 法兰克·洛伊·莱特，纽约古根海姆美术馆设计师

"Study nature, love nature, stay close to nature. It will never fail you."

—— Frank Lloyd Wright

CHAPTER 4

幸福的最美境界：
享受爱情，投资婚姻

成功的婚姻是一栋必须每天重盖的建筑物。我们之所以爱，不是为了找到最完美的人，而是为了学会正确对待不完美的人。

以爱的力量治愈一切伤害，不要让恨坐大，使它破坏我们生命的完整性、遮蔽生命中的光明。

幸福的氛围

"我相信幸福的关键在于:有人可爱、有事可做,以及有未来可以期待。"

Elvis Presley

——埃尔维斯·普雷斯利

"I believe the key to happiness is: someone to love, something to do, and something to look forward to."

猫王（1935～1977）是美国摇滚巨星，以叛逆、狂野、性感、帅气著称，展现扭臀、抖脚等夸张的肢体动作，搭配开敞的衬衫、喇叭裤、鬓角、鸭尾头，以"白人演唱黑人音乐"挑战流行文化的陈规，透过 R&B 混合乡村音乐的曲风，解放当时禁锢保守的人心。他的穿着及风采让摇滚乐成为流行时尚，也让摇滚乐成为美国全民运动。

猫王全名埃尔维斯·亚伦·普雷斯利（Elvis Aaron Presley），出生于美国密西西比州的小镇，从小就常去教堂听福音歌曲、参加唱诗班。全家后来搬迁至田纳西州的曼菲斯（Memphis），他接触了当地的黑人蓝调音乐及 R&B，日后他结合白人的乡村音乐，形成了自己的演出风格。1954 年他初试啼声的歌曲《没关系》(*That's All Right*) 透过电台强力放送，风靡美国南部各州。

1956 年初，猫王加盟 RCA 唱片公司，首张单曲《伤心旅馆》(*Heartbreak Hotel*) 爆红，同年又推出同名专辑《埃尔维斯·普雷斯利》(*Elvis Presley*)，蝉联美国公告牌排行榜 10 周冠军。衬衫、牛仔裤等二十多种与他相关的周边产品随即流行，当年他就赚进 2000 万美元。1967 年、1972 年与 1974 年，他曾三度获得格莱美奖。1973 年初，全球 36 国约 15 亿人透过卫星转播观赏他在檀香山举行的演唱会"来自夏威夷的问候"(Aloha From Hawaii)，成为演唱艺术史上划时代的事件。

只要我们像猫王所讲的一样，有人可爱、有事可做、有未来可以期待，我们将永远沐浴幸福，任何不幸将难以近身。

> 金句补给站 ▶ 在各种谨慎行为中，对爱过于谨慎或许是最无法幸福的一种谨慎。
> —— 伯特兰·罗素，英国数学家和哲学家
> "Of all forms of caution, caution in love is perhaps the most fatal to true happiness."
> — Bertrand Russell

爱可以弥补欠缺

"生命中有爱,就能弥补许多你缺乏的东西。生命中无爱,无论你拥有再多其它东西,都不会足够。"

Ann Landers

——安·兰德斯

"If you have love in your life it can make up for a great many things you lack. If you don't have it, no matter what else there is, it's not enough."

安·兰德斯（1918～2002）是美国知名专栏作家，经常为读者解答各种人生疑难杂症，她的专栏曾在 47 年间以 20 种语言每天刊登于 1200 种报纸上，全球读者达 9000 万人，一直到她于 2002 年去世为止。她回答读者来函的各种询问，帮助失恋的年轻人、处于离婚边缘的夫妻、丧夫的女性以及无数需要咨询的人。她每月收到的读者来信最多到一万封以上，每天要回数百封。她的写作风格很直接，回答总是又妙又实用，有时甚至很辛辣。权威杂志《今日心理学》（Psychology Today）认为她在帮民众解决问题方面，可能比同时代的其他人都有影响力。

安·兰德斯出生于美国爱荷华州苏县（Sioux）的一个俄国犹太移民家庭，本名艾瑟·波琳·弗里德曼（Esther Pauline Friedman）。1955 年 10 月 16 日起，她在一项竞赛中脱颖而出，赢得为《芝加哥太阳时报》（Chicago Sun Times）撰写每日专栏《来问安·兰德斯》（Ask Ann Landers）的机会。接手的她沿用先前该专栏的撰稿人笔名"安·兰德斯"作为自己的笔名。该专栏都是以读者来信开头，所以第一句一定都是"亲爱的安·兰德斯"（Dear Ann Landers），成为一大特色。由于她曾参与政治，人际关系良好，常可找到不同领域的专家做她的后盾。1987 年起，她跳槽到《芝加哥论坛报》（Chicago Tribune），一样受欢迎。她的双胞胎妹妹波琳·艾瑟·弗里德曼（Pauline Esther Friedman）也在报纸上开设性质类似的《亲爱的艾比》（Dear Abby）专栏，双方有所竞争。

许多人在现实生活中功成名就，唯独缺乏爱的滋润，致使其虽坐拥金钱与名位，内心却加倍空虚。相比之下，一个人如果生命中满怀爱，那么即使物质生活有所欠缺，一样可以心满意足、分外充实。

> 金句补给站 ▶ 无爱的人生有如无花无果的树。
> ——纪伯伦，黎巴嫩哲学家和艺术家
> "Life without love is like a tree without blossoms or fruit."
> — Kahlil Gibran

爱使人年轻

"年龄不会让你对爱情免疫,但某种程度的爱情可以让你对年龄免疫。"

——让娜·莫罗

"Age does not protect you from love, but love to some extent protects you from age."

让娜·莫罗（1928 ~ ）是法国老牌女影星，磁性嗓音为其特色，她演出的影片多半煽情前卫，突破传统技巧，极具实验性。电影作品有《朱尔与吉姆》(Jules et Jim)、《恋人们》(Les Amants)、《夜》(La Notte)、《一世情》(Proprietaire, La)、《厨娘日记》(Journal d'une Femme de Chambre)、《这份爱》(Cet Amour-La)、《通往绞刑架的电梯》(Ascenseur pour Lechafaud)等六十余部，并曾为梁家辉、珍·玛奇主演的《情人》(L'amant)做第一人称旁白。

让娜·莫罗出生于法国巴黎，18岁时进入巴黎戏剧艺术学院，毕业后演出多部舞台剧。1958年，她演出路易·马勒执导的《恋人们》，一跃成为全球影坛的性感女星，1962年再演出由法国名导演特吕弗执导的《朱尔与吉姆》，奠定在法国影坛的地位。该片描写一女两男历经第一次世界大战、长达二十年的友谊与三角恋情故事，莫罗饰演作风自由不羁的女主角。

让娜·莫罗曾凭《如歌的行板》(Moderato Cantabile)拿下1960年的戛纳电影节最佳女演员奖，1995年就获颁法国凯撒电影奖中的荣誉凯撒奖，先后又在1997年欧洲电影节、2000年柏林国际电影节、2003年戛纳影展中获得"终身成就奖"。她曾担任舞台剧、歌剧导演，也曾执导过三部电影，也是唯一两度担任戛纳影展评审团主席的女演员。她的音乐才华亦佳，曾谱写不少歌曲。

她的这句话很有意思，一个人再小或再老，都有恋爱的可能，不会受到年龄的限制；但反过来说，爱情的滋润具有让人容光焕发的功能，这可能是令许多人眼睛为之一亮的绝佳功效。

金句补给站 ▶ 我们不会因变老而停止玩乐，却会因为停止玩乐而变老。

——爱默生，美国思想家

"We don't stop playing because we grow old; we grow old because we stop playing."

—— Ralph Waldo Emerson

释放爱的能量

"恨麻痹生命,爱释放生命。恨困惑生命,爱调和生命。恨遮蔽生命,爱照亮生命。"

——马丁·路德·金

"Hatred paralyzes life; love releases it. Hatred confuses life; love harmonizes it. Hatred darkens life; love illumines it."

马丁·路德·金（1929～1968）是美国黑人民权运动领袖，受到印度国父甘地著作的影响，在美国为黑人争取人权、倡导族群平等。1964年他获颁诺贝尔和平奖，但于1968年在田纳西州遭暗杀。

马丁·路德·金出生于美国乔治亚州（Georgia）的亚特兰大市，父亲是牧师，母亲是老师。小时候就感受到黑人遭受的种族歧视，15岁时进入莫尔浩司学院（Morehouse College）主修社会学，其后进入宾州克劳泽神学院（Crozer Theological Seminary）就读神学，并在波士顿大学取得博士学位。

1955年，美国阿拉巴马州（Alabama）一位黑人妇女在搭乘公交车时因拒绝让座给白人而遭逮捕，让包括马丁·路德·金在内的支持者发起了长达381天的抗议运动，拒搭市内公交车。这是美国史上第一次有黑人团结起来为自身权益而抗议。最后法院判决该州在公交车上实施种族隔离是违宪行为，抗争才结束。1963年，在纪念黑奴解放一百周年的活动中，马丁·路德·金在华盛顿广场前向20万群众演说，宣扬"我有一个梦想"（I have a dream），希望有一天黑人与白人可以携手同唱自由之歌。1964年，美国实施《民权法案》（Civil Rights Act），让种族平等跨进一大步，马丁·路德·金的功劳很大。也是那一年，他获颁诺贝尔和平奖。但在1968年，他遭到种族分子暗杀。

爱与恨的能量都十分强，只是前者有百利而无一害，后者却有百害而无一利。要想提升生命，让生命过得更美好，就应该让生命中充满爱，以爱的力量治愈一切伤害，而不要让恨坐大，破坏我们生命的完整性、遮蔽生命中的光明。

金句补给站 ▶ 宁愿爱过而失去，也不要从未爱过。
—— 丁尼生男爵，英国诗人
"'Tis better to have loved and lost, than to have never loved at all."
— Lord Tennyson

被爱最幸福

"人生幸福的极致,在于确信自己被爱。"

——维克多·雨果

"The supreme happiness in life is the conviction that we are loved."

雨果（1802～1885）是19世纪法国小说家、诗人、剧作家、文艺评论家和政论家，有"法兰西的民族诗人"之称。他是浪漫主义运动领袖，作品描写人生百态，有浓厚理想主义色彩。他也是当时反帝制、主张民主的代表人物。他的作品包括小说《巴黎圣母院》(*Notre-Dame de Paris*)、《悲惨世界》(*Les Miserables*，或译《孤星泪》)，诗集《惩罚集》(*Les Chatiments*)、《沉思集》(*Les Contemplations*)等近七十部。

雨果出生于法国东部，父亲曾是拿破仑麾下将军。17岁时雨果与哥哥创办文艺刊物，发表自己的第一首诗。20岁时他出版第一本诗集，声名大噪。25岁时，他又发表韵文剧本《克伦威尔》(*Cromwell*)和著名的浪漫主义宣言，成为反古典主义、提倡浪漫主义的领袖。他在29岁发表《巴黎圣母院》，描述面丑心善的圣母院敲钟人爱上命运多舛的女性而受百般阻挠的故事，轰动文坛。他曾获选进入高等学术机构法兰西学院，也当过议员，并公开表示拥护君主立宪制度。

拿破仑三世发动政变称帝时，雨果大肆攻击他而遭放逐。流亡期间他写出另一代表作《悲惨世界》，以19世纪法国最动乱的三十多年为背景，描写主角终其一生逃亡，由贫苦出身成为贵族的故事。1870年，法国成立第三共和国，他才结束十九年流亡生涯回到巴黎。

雨果认为，能确信有人爱着自己，是人生幸福的极致。诚然，他人对我们的爱将会成为一股暖流、一股力量，让生命中的每件事都变得更美好、更正面。不过也不要只想要人爱你，也别忘了要不吝于付出自己的爱，才能让双向交流的爱更加活跃、更加美好。

金句补给站 ▶ 人生只有一种幸福，就是爱人与被爱。
——乔治·桑，法国浪漫主义文学家
"There is only one happiness in this life, to love and be loved."
— George Sand

用爱对待不完美

"我们之所以爱,不是为了找到最完美的人,而是为了学会完美对待不完美的人。"

Angelina Jolie

——安吉丽娜·茱莉

"We come to love not by finding the perfect person, but by learning to see an imperfect person perfectly."

安吉丽娜·茱莉（1975～）是美国女影星和社会活动家，以演出《古墓丽影》（Lara Craft: Tomb Raider）系列的"萝拉"（Lara Craft）一角成名。她的电影作品尚有《史密斯夫妇》（Mr. and Mrs. Smith）、《人骨拼图》（The Bone Collector）、《极速六十秒》（Gone in Sixty Seconds）等。2000 年她以《女生向前走》（Girl, Interrupted）一片获得奥斯卡最佳女配角。2005 年，她还当选《男人帮》（FHM）杂志的百大性感女星第一名。

安吉丽娜·茱莉出生于美国加州的洛杉矶，有法国、加拿大、捷克血统，父母都是演员。1997 年她以电视影集《乔治·华莱士》（George Wallace）获得金球奖最佳女主角，但成名作是 2001 年的《古墓丽影》，该电影改编自知名游戏，北美首周票房高达 4770 万美元，刷新女明星独挑大梁的首映票房记录，并在全球缔造将近三亿美元的票房成绩。2003 年她又演出续集《古墓丽影：风起云涌》（Lara Croft Tomb Raider: The Cradle of Life）。

2001 年，她曾捐出 100 万美元给联合国难民署帮助阿富汗难民。同年，难民署任命她为亲善大使。此后，她曾出访过坦桑尼亚和巴基斯坦、乍得及俄罗斯车臣等地的难民营。2005 年，她获颁联合国的人道主义奖，2012 年获颁柏林影展"电影和平奖"。

有些人在找寻伴侣时，会订下多如天边繁星的条件，非得对方完全符合，才愿意去爱。但多少年华岁月，却因而在这样的反复挑剔中逝去。就算真的找到这样一个伴侣，也很容易因为对方某天出现之前未曾想象的缺点而心生遗憾。因此，我们若能换个想法，不求找到最完美的伴侣，而以"学会如何完美对待对方的不完美"去爱的话，爱所带给我们的成长，将会让我们更感幸福。

> 金句补给站 ▶ 美好的婚姻并非"两个完美的人"，而是两个不完美的人学习享受彼此的差异。
> —— 戴夫·慕罗，幽默作家
> "A great marriage is not when the 'perfect couple' come together. It is when an imperfect couple learns to enjoy their differences."
> — Dave Meurer

完美的一对

"她不完美。你不完美。问题在于,你们二人对彼此来说是否都最完美。"

——罗宾·威廉姆斯

"She is not perfect. You are not perfect. The question is whether or not you are perfect for each other."

罗宾·威廉姆斯（1951～2014）是美国男影星，喜感十足，作品众多，包括《心灵捕手》(Good Will Hunting)、《心灵点滴》(Patch Adams)、《家有杰克》(Jack)、《窈窕奶爸》(Mrs. Doubtfire)、《渔王》(The Fisher King)、《早安越南》(Good Morning, Vietnam)、《死亡诗社》(Dead Poets Society)等。他曾以《早安越南》《死亡诗社》《渔王》三度获得奥斯卡最佳男主角提名，均未获奖，后来才以《心灵捕手》夺得1998年的奥斯卡最佳男配角奖。1993年他则以《窈窕奶爸》获得金球奖最佳男主角奖。在2005年，获颁金球奖的"终身成就奖"。隔年，在好莱坞电影节中也获得"终身成就奖"。

罗宾·威廉姆斯出生于美国伊利诺伊州（Illinios）的芝加哥，父亲曾是福特汽车公司高级主管，母亲则是有法国血统的模特儿。他毕业于加州克莱蒙特（Claremont）大学，26岁时就随主演的电视影集《欢乐时光》(Happy Days)享誉全美。他的荧幕处女作是1980年的《大力水手》(Popeye)，1987年的《早安越南》让他首度获得奥斯卡最佳男主角提名。罗宾·威廉姆斯所演的角色相当多变，他曾以男扮女装造型扮演《窈窕奶爸》，还在《家有杰克》一片中演出患有衰老症的10岁小孩。而在谈教育问题的《死亡诗社》一片中，他则饰演教化学生的好老师。

一个人的伴侣，可能很难十全十美，一定都有不完美的地方。只要两人的优点在对方眼里看来都举足轻重，两人的缺点在对方眼里看来微不足道，双方可以结合为完美的一对的话，就是世界上最幸福的事了。不必找到完美的人，也可以拥有很完美的关系！

金句补给站 ▶ 成功婚姻不只是要找到对的人，你自己也要当个对的人。

——巴涅特·布利克，犹太教祭司

"Success in marriage does not come merely through finding the right mate, but through being the right mate."

—— Barnett R. Brickner

婚姻有赖妥协

"我们儿时都曾梦想,只要有爱,事事都会美好。但事实上,婚姻有赖大量的妥协。"

Raquel Welch

——拉蔻儿·薇芝

"We all have a childhood dream that when there is love, everything goes like silk, but the reality is that marriage requires a lot of compromise."

拉蔻儿·薇芝（1940～）是美国的美艳女影星，也是上世纪六七十年代的性感女神，演出的电影作品有《公元前一百万年》(One Million Years B.C.)、《百支快枪》(100 Rifles)、《豪情三剑客》(The Three Musketeers)、《生死剑侠》(The Four Musketeers)，以及在2001年客串演出《律政俏佳人》(Legally Blonde)等。1974年，她曾因《豪情三剑客》获颁金球奖最佳女主角。

拉蔻儿·薇芝出生于美国伊利诺伊州（Illinios）的芝加哥，本名袭·拉寇儿·提雅达（Jo Raquel Tejada），父亲是玻利维亚移民，担任航天工程师，母亲有爱尔兰血统。她小时候就学舞，14岁赢得选美比赛冠军，毕业于拉贺亚（La Jolla）高中。后进入加州大学圣地亚哥分校戏剧系就读，并参与一些地方团体的戏剧表演。

1963年她进军好莱坞，并于1966年主演《公元前一百万年》，扮演美丽的野人少女，片中的比基尼造型奠定她的性感女神地位，也让她成为七十年代比基尼泳装与前卫时尚的代言人。

有句话说"婚姻是恋爱的坟墓"，意思是婚姻的现实面，会将婚前恋爱时的诸多浪漫破坏殆尽。其实，婚姻与恋爱原本就不能画上等号，因为婚姻多了责任，多了两个人的生活，也因而需要更多的妥协，常需要成长背景不同的两个人彼此各退一步，到达双方都能接受的程度。如果能在走入婚姻前先有这样的认知，应该可以在更有心理准备之下，更为圆满地经营婚姻。

> 金句补给站 ▶ 建立幸福婚姻的重点，不在于你们有多么合得来，而是你们如何处理彼此间不合之处。
> ——乔治·雷文杰，美国心理学家
> "What counts in making a happy marriage is not so much how compatible you are, but how you deal with incompatibility."
> — George Levinger

各退一步

"我想象到的最幸福的婚姻,是聋掉的男人和瞎掉的女人结合。"

Samuel Taylor Coleridge

——塞缪尔·泰勒·柯勒律治

"The most happy marriage I can imagine to myself would be the union of a deaf man to a blind woman."

柯勒律治（1772～1834）是英国浪漫派诗人、批评家和哲学家，也是非神职的神学家。他的口才极佳，在政治、戏剧、基督教史各方面有渊博知识。他的诗作有《忽必烈汗》（*Kubla Khan*）、《古舟子咏》（*The Rime of Ancient Mariner*）等，并曾与也是浪漫诗人的好友华兹华斯（William Wordsworth）合出《抒情歌谣集》（*Lyrical Ballads*）。他的想法曾影响后来的英国浪漫诗人济慈（John Keats）与拜伦（George Gordon Byron）。

柯勒律治出生于英国的牧师之家，极有天赋。他曾进入剑桥大学耶稣学院求学，并曾染上鸦片，身心沮丧。他与华兹华斯合出的《抒情歌谣集》开启了英国的浪漫运动，《古舟子咏》则是英国文学浪漫主义时期最伟大的诗作之一，是一篇具有故事情节、散文化的长诗。内容描述性情孤僻不知感恩的水手射杀了指引迷津的信天翁，引起神的愤怒，致使全船两百位水手在海上漂流后死于非命。该水手却因与死神的赌注而独活，最后在忏悔中获得救赎。全诗在柯勒律治建构的强烈生命意识与自然幻想中，让人深感自然与人类的不可分割。

柯勒律治的比喻很有趣，男人一旦聋掉，就听不到老婆的念叨；女人一旦瞎掉，就看不见许多会让她想念叨的琐事。所以聋掉的男人和瞎掉的女人，自然可以成就最幸福的婚姻了。当然我们不必真的聋掉或瞎掉，只要在婚姻生活中适时运用这样的原理与伴侣相处，一样可以很愉快。

金句补给站 ▶　婚姻是三分爱、七分宽容。
　　　　　　——兰登·密契尔，美国剧作家和散文家
"Marriage is three parts love and seven parts forgiveness of sins."
— Langdon Mitchell

拥有共同目标

"我们在人生中学到,爱不是彼此凝视,而是一起朝同一个方向看去。"

Antoine De Saint-Exupery

——安东尼·德·圣埃克苏佩里

"Life has taught us that love does not consist in gazing at each other but in looking outward together in the same direction."

圣埃克苏佩里（1900～1944）是法国作家和飞行员，也是名作《小王子》（Le Petit Prince）的作者。除此之外，他的作品还有《夜航》（Vol de Nuit）、《南方邮航》（Courrier Sud）、《空军飞行员》（Pilote De Guerre）和《人类的大地》（Terre des Hommes）等。

圣埃克苏佩里出生于法国里昂的贵族世家，4岁丧父。他原本想当海军，但因未能通过入学考试，转而投入空军，几乎飞遍世界各地，飞行路线遍及地中海、撒哈拉沙漠、南非，甚至远到安第斯山脉。对他来说，飞行不仅是驾驶飞机，更能让他思索有关孤独、友谊、人生的意义和自由等问题。当时的飞机某些系统仍不完善，他曾多次坠机于撒哈拉沙漠中，但这些经验全成为他的写作素材。

1943年，他推出《小王子》一书，成为20世纪除《圣经》与《可兰经》外最多人阅读的书籍。第二次世界大战开始后不久，他返回法国加入空军，但在1944年一次出使地中海任务的途中坠机身亡。他逝世50周年纪念时，法国政府还印制50法郎的"小王子"纸钞、邮票。

圣埃克苏佩里这句话很有意思，热恋中的男女往往会凝视对望，恨不得眼睛不要离开对方。但一旦两人能一起往同一方向看去，就表示他们已经脱离了热恋的不理智阶段，而可以较为理性地彼此依偎，开始让两个人的价值观、生活观等层面更为一致，那是更高层次的一种爱。

金句补给站 ▶ 如果你爱谁，就让他们走吧。因为，如果他们又回来，就永远会是你的；如果他们不回来，也永远不会是你的。
—— 纪伯伦，黎巴嫩哲学家和艺术家

"If you love somebody, let them go, for if they return, they were always yours. And if they don't, they never were."
— Kahlil Gibran

缩小自我，成就融和

"婚姻不是简单的情事，而是磨难。磨难在于双方必须牺牲自我换取一段两人合而为一的关系。"

Joseph Campbell

——乔瑟夫·坎贝尔

"Marriage is not a simple love affair, it's an ordeal, and the ordeal is the sacrifice of ego to a relationship in which two have become one."

坎贝尔（1904～1987）是美国教授、作家和演说家，也是神话学大师，他擅长比较神话学与比较宗教学。著有《千面英雄》（*The Hero with a Thousand Faces*）、《神话的智慧》（*The Pratice of Management*）等书，以及与人合著的《神话的力量：在诸神与英雄的世界中发现自我》（*The Power of Myth*）。他也是《星际大战》导演乔治·卢卡斯（George Lucas）最崇拜的人之一，《星际大战》中对于人性不同面向冲突的描写，不少都是从坎贝尔的神话学研究中提炼出来的。

坎贝尔出生于美国纽约市，在达特茅斯学院学习生物学与数学，后来转到哥伦比亚大学修习人文学科，取得英国文学学士与中世纪文学硕士学位。他曾待过瑞士知名心理学和精神病学大师荣格（Carl Jung）门下，研究遍及人类学、考古学、生物学、文学、哲学、文献学、荣格心理学、一般神话、比较宗教、艺术史及流行文化等领域，融合成他独特的神话学创见。他与一般学者偏于理智和合理性的分析神话不同，他认为神话不是来自于"理念的体系"而是"生活的体系"。神话本来就是源自先民的生活经验，所以要认识神话，也必须回归到生活经验之中。对于一些大家认为形同死去的文化里所残留的神话，他成功教会人们正确去诠释、解读，使这些古老神话穿越时空，为人类提供生命的典范，成为现代精神文化的指导。

坎贝尔认为婚姻是一种磨难，因为双方都必须牺牲自我，这听起来很糟。不过他也补充说明，这么做的目的，在于换取一段两人合而为一的关系。如果两人彼此牺牲一部分的自我，可以换取双方共同的美好未来，何乐而不为？

金句补给站 ▶ 当你只想让某个人快乐，而你甚至不是他快乐的一部分时，你就知道那是爱了。

——茱莉亚·罗勃茨，好莱坞女星

"You know it's love when all you want is that person to be happy, even if you're not part of their happiness."

— Julia Roberts

婚前要谨慎,婚后要宽大

"婚前要睁大眼睛,婚后要睁只眼闭只眼。"

Benjamin Franklin

——本杰明·富兰克林

"Keep your eyes wide open before marriage, half shut afterwards."

富兰克林（1706～1790）是美国开国元老之一，也是知名政治家、外交家、作家和科学家，曾协助另一位开国元老杰斐逊（Thomas Jefferson）起草《独立宣言》。他是美国史上第一位大使，曾出使巴黎，促成法美同盟条约以及承认美国独立的英美巴黎条约。回国后，他担任过宾州州长。富兰克林的著作包括《富兰克林自传》(The Autobiography of Benjamin Franklin)、《穷理查历书》(Poor Richard's Almanac)等。

富兰克林出生于波士顿，父亲以制造蜡烛与肥皂维生。他只读过两年小学，12岁起在哥哥的印刷店里当学徒，并利用空闲时间自学苦读、练习写作。16岁时他曾以笔名在哥哥创办的美国第一份独立报纸《新英格兰新闻报》(New England Courant)发表过14篇小品文。后来，富兰克林在费城经营印刷事业，1752年他就是在那里进行电风筝实验，成为电学研究先驱而发明了避雷针。

除自传外，他从1732年起连续写了25年的《穷理查历书》，透过主角穷理查来谈许多人生经验与小智慧。诸如"早睡早起"(Early to bed and early to rise)、"天助自助者"(God helps those who help themselves)、"时间就是金钱"(Time is money)等格言，都出自此书。

富兰克林的意思是，婚前应该多注意对方在各方面的特质，不要因为恋爱而冲昏头，出于"情人眼里出西施"效应而疏于挑选；但一旦决定结婚人选，就应该在婚后睁一只眼闭一只眼，不要再追究旁枝末节，否则将难以拥有和谐幸福的婚姻。

> 金句补给站 ▶ 别和你觉得能一起生活的人结婚；结婚该找的是，没有他你就活不下去的人。
> ——詹姆士·杜布森，美国幼教家
> "Don't marry the person you think you can live with; marry only the individual you think you can't live without."
> — James C. Dobson

爱要及时说出来

"如果你爱一个人,你要说出来,要马上说、大声说,否则会时机不再。"

Julia Roberts

——茱莉亚·罗勃茨

"If you love someone, you say it, right then, out loud. Otherwise, the moment just passes you by."

茱莉亚·罗勃茨（1967～）是美国女影星，以《风月俏佳人》（*Pretty Woman*）成名，故有媒体以"凤凰女"简称之。她的作品还包括《与敌人共枕》（*Sleeping with the Enemy*）、《我最好朋友的婚礼》（*My Best Friend's Wedding*）、《继母》（*Stepmom*）、《诺丁山》（*Notting Hill*）、《落跑新娘》（*Runaway Bride*）、《永不妥协》（*Erin Brockovich*）、《十一罗汉》（*Ocean's Eleven*）、《十二罗汉》（*Ocean's Twelve*）等。

茱莉亚·罗勃茨出生于美国乔治亚州，本名茱莉亚·菲欧娜·罗勃茨（Julia Fiona Roberts），父母都是演员，但不甚成功，以卖吸尘器维生。她高中毕业后前往纽约一圆星梦，在1989年的《钢木兰》（*Steel Magnolias*）一片中，32岁的她获得奥斯卡最佳女配角提名，技压多莉·帕顿（Dolly Parton）等资深演员。1991年，她演出的《风月俏佳人》是当年最卖座的电影，也让她一炮而红，跻身一线女星之林。2000年，她还以《永不妥协》夺得奥斯卡与金球奖最佳女主角奖，2010年，获颁西班牙圣赛巴斯提安国际影展"终身成就奖"。

茱莉亚·罗勃茨的话，很多人其实都知道，但都没有马上付诸实行。世事难料，有谁知道下一秒钟，我们最爱的人，是否还能待在我们身边呢？所以最好的方法，就是马上说出你的爱，而且要大声说出来，趁一切都还来得及。

> 金句补给站 ▶ 许多不幸之所以来到世上，都是因为困惑以及该讲的事没讲。
> ——陀思妥耶夫斯基，俄国小说家
> "Much unhappiness has come into the world because of bewilderment and things left unsaid."
> — Fyodor Dostoevsky

每天重新经营关系

"成功的婚姻是一栋必须每天重盖的建筑物。"

Andre Maurois

——安德烈·莫洛亚

"A successful marriage is an edifice that must be rebuilt every day."

莫洛亚（1885～1967）是法国小说家、传记文学作家、历史研究家和童书作家，曾以浪漫文体为拜伦、雪莱等作家写传记，著有《屠格涅夫传》《普鲁斯特传》《文学欣赏的乐趣》《服尔德传》《爱俪儿》《写作的艺术》《雪莱传》《雨果传》《艺术家的梦想世界》等多部作品。

莫洛亚出生于法国西北部的埃尔帕夫（Elbeuf），家里经营织品工厂，家境富裕。父亲是在普法战争时逃到那里的。莫洛亚天资聪颖，18至26岁时在父亲的工厂工作，第一次世界大战时担任通译，后担任对口英军的联络人。他在1918年根据军中见闻出版第一本小说《布兰波上校的沉默》（*The Silence of Colonel Bramble*），大获好评。其后他写《雪莱传》建立起名声，也让他更热衷于撰写小说体的传记。除传记外，他还写过《英国奇迹》（*The Miracle of England*）、《美国奇迹》（*The Miracle of America*）、《法国奇迹》（*The Miracle of France*）等历史故事。

莫洛亚把成功的婚姻比喻为一栋每天必须重盖的建筑物，此话甚有道理，因为婚姻里头每天的状况都不同，今天恩爱，不代表明天不会吵架，双方可能会因为自己正在忙的事，或是突如其来的情绪，而突然变得无法用正确的方法或话语沟通。虽然这正是婚姻必须"每天重盖"的原因，但也正因为如此，婚姻才能更加多彩多姿，不会那么一成不变。如果无视必须重盖的建筑物而继续住在里头，某一天当强震来临时，可能会将你压垮。

金句补给站 ▶ 幸福和性格一样，必须灌溉。它不是你可以放任一阵子而安然无恙的东西，那会让它长满杂草。
　　　　　　　——华德夫人，美国女权主义作家
"Happiness must be cultivated. It is like character. It is not a thing to be safely let alone for a moment, or it will run to weeds."
　　　　　　　—— Elizabeth Stuart Phelps Ward

简单的幸福

"与自己丈夫共进早餐是再简单不过的快乐,但已婚者在人生中却很少这么做。"

Anne Morrow Lindbergh

——安妮·默洛·林德伯格

"A simple enough pleasure, surely, to have breakfast alone with one's husband, but how seldom married people in the midst of life achieve it."

安妮·默洛·林德伯格（1906～2001）是美国作家，也是独自飞越大西洋的飞行家查尔斯·林德伯格（Charles Lindbergh）的妻子。著有《未来的浪潮：信心的自白》（*The Wave of the Future: A Confession of Faith*）、《来自大海的礼物》（*Gift from the Sea*）等13本书。

安妮·默洛·林德伯格出生于美国新泽西州（New jersey），1929年，她与知名飞行家林德伯格结婚，自此担任夫婿的副驾驶，到处飞行。她自己也是美国史上第一位取得滑翔翼执照的女性。1931年，林德伯格夫妇曾探索前所未有的路线，由加拿大、阿拉斯加飞往日本与中国，并于1933年花费五个半月时间测量南、北大西洋近五万公里的航线。

1955年，她写出《来自大海的礼物》一书，其后连续八十周都名列畅销排行榜。书中描写自己独自在佛罗里达外海的小岛上度过假期时，针对女性问题、两性关系、婚姻生活以及个人与社会之间关联的深入思考的一些看法。书中写道："良好的关系就像双人舞一样。在舞蹈中，如果抓住舞伴不放，势必使舞步僵硬。"因此她偶尔会放下一切，到海滨过着倾听浪潮、捡拾贝壳的日子，让自己的心灵回复到与海边礁石一样光润。

安妮·默洛·林德伯格的话点出一个事实：婚姻中许多明明可以轻易做到，成效又很大的小事，很多已婚者却知而不行，然后又抱怨自己的婚姻不够好。其实无论已婚或未婚者都一样，不要对许多看似无关紧要的小事吝于动手，它们很可能就是能带来无上幸福感的绝妙催化剂。

金句补给站 ▶ 对幸福期望过高是获得幸福的一大障碍。
　　　　　　　　　　　　——丰特奈尔，法国科学家和作家
"A great obstacle to happiness is to anticipate too great a happiness."
— Fontenelle

投资婚姻

"你在婚姻上投资愈多,它就愈有价值。"

Amy Grant

——艾美·格兰特

"The more you invest in a marriage, the more valuable it becomes."

格兰特（1960～）是美国福音歌后、流行歌手和词曲创作家，她把流行摇滚乐和福音赞颂歌极为完美地融合在一起，在20世纪90年代带动当代基督教音乐的流行风潮。她曾获得6座格莱美奖（Grammy Awards）、24座福音界最高荣耀鸽子奖（Dove Awards），作品在全球销售2500万张，包括《颤动的心》（*Heart in Motion*）等专辑。

格兰特出生于美国乔治亚州（Georgia），本名艾美·李·格兰特（Amy Lee Grant），从小就在浓厚的音乐与宗教氛围中长大。她10岁学钢琴，后来又学会吉他。高中时她把试听带寄给唱片公司而获青睐，17岁就出道，推出基督教音乐专辑《艾美·格兰特》，销售破百万张。1988年，她推出演艺生涯中最优秀的大碟之一《指引我》（*Lead Me On*）。该专辑是获得格莱美奖与鸽子奖的作品，由福音天王级人物迈克·史密斯（Michael W. Smith）为她跨刀制作，内容对基督徒的人生理念有透彻的探讨。她的歌词看似简单，却胜过无数牧师的长篇说教。1991年她推出较为世俗的大碟《颤动的心》，销售破四百万张，也让她成功跨足流行音乐界。专辑中的《宝贝宝贝》（*Baby Baby*）一曲在广播与唱片排行榜（Radio and Records Chart）上连续三周位列冠军。

婚姻与人生许多事项一样，只要你肯投资，就能让它更有价值。如果不当它一回事，甚至逃避婚姻中的诸多责任与义务的话，它的价值只有愈来愈低，最后还可能到维持不下去的地步。

金句补给站 ▶ 一流的婚姻就像一流的饭店一样：昂贵，但值回票价。

—— 米格农·麦克劳林，美国作家

"A first-rate marriage is like a first-rate hotel: expensive, but worth it."

— Mignon McLaughlin

付出才能拥有

"我们付出的爱才是我们能保有的爱。"

Elbert Hubbard

——艾伯特·哈伯德

"The love we give away is the only love we keep."

哈伯德（1856～1915）是美国作家、编辑、出版商，著有被翻拍成电影的励志畅销书《致加西亚的信》（*A Message to Garcia*）、《轻松游记》（*Little Journey*）等作品。

哈伯德出生于美国伊利诺伊州（Illinois），16岁时跟随表哥卖肥皂，还成为肥皂公司的次要合伙人。为圆小说创作之梦，他在1892年离开肥皂公司，并于1894年进入哈佛大学就读一学期，后前往英国。返国后，他在1895年创立罗伊克洛夫特书店（Roycroft Shop），其后二十年间出版《菲士利人》（*The Philistine*）、《兄弟》（*The Fra*）两本月刊、十五本谈造访各地体验的《轻松游记》，以及三十多部著作。

哈伯德的代表作是1899年发表于《菲士利人》的《致加西亚的信》，百余年来成为最畅销的作品之一。书中借着一位西点军校的军人克服万难，完成"送信给加西亚"这不可能的任务的事迹，传达关于敬业、忠诚、勤奋的思想，成为商业精神永恒的典范与象征。

哈伯德这句话阐述爱是双向的，唯有付出自己的爱，让双方的爱有所交流，爱才会更有活力，也才会更为长久。如果爱只是单向的而没有互动，那么无论是爱人或是被爱，都将只是昙花一现，缺乏长久维持的潜力与可能性。

金句补给站 ▶ 我知道一些幸福婚姻——两个人每天就是在帮助彼此、对彼此好之中渡过。
—— 艾莉卡·琼，美国女权主义作家
"I know some good marriages—marriages where both people are just trying to get through their days by helping each other, being good to each other."
—— Erica Jong

CHAPTER 5

幸福的最大收获：
珍惜亲情，维系友情

一旦成为朋友，就应该与对方保持联系，深入分享双方的一切，让友谊细水长流。

友谊的经营，也必须投以真心，时时耕耘。历经考验仍屹立不摇的，才能算是真正的友谊。

维持美满的家庭关系，我们才能拥有无上的幸福感。

爱你的家人

"不管你为自己或为人类做了什么事,如果你无法回首给家人爱与关注,你哪能算真正成功!"

Lee Iacocca
——李·艾柯卡

"No matter what you've done for yourself or for humanity, if you can't look back on having given love and attention to your own family, what have you really accomplished?"

艾柯卡（1924～）是美国实业家，也是近代汽车发展史上的重要人物。他曾担任福特汽车总裁，后来担任过克莱斯勒董事长，协助经营出问题的克莱斯勒汽车转亏为盈。他曾在1984年出版自传《反败为胜》(Iacocca —An Autobiography)。

艾柯卡出生于美国宾州，是普林斯顿大学硕士。他进入福特汽车公司担任工程师后，转换至营销部门，因表现优异而进入产品开发部门。他曾参与许多畅销车款的开发，最知名的是1960年策划推出的猎鹰（Falcon）与野马（Mustang）两款性能、外型兼具的车系。这些产品突破以往的设计概念、引起风潮，使福特在竞争激烈的市场中大获全胜。艾柯卡后来当了八年福特汽车总裁，却和创办人的孙子亨利·福特二世意见不合，在1978年被扫地出门。

适逢克莱斯勒汽车由于多项错误决策而销售量惨跌，来求艾柯卡相救。艾柯卡接手后，发现公司在研发上的投资不够，产品缺乏新意；再加上当时出现石油危机，克莱斯勒擅长的大型车偏偏又耗油量大，更是雪上加霜。艾柯卡除关厂、裁员、解雇33位副总裁外，也出面请求美国政府担保，成功从银行融资10亿美元生产新产品。六年内，他让克莱斯勒扭亏为盈，成为后世佳话。

即便身为极为成功的实业家，艾柯卡还是不忘强调"家庭更为重要"的道理。如果一个人在外有极为成功的事业，回家却得面对残破不堪、没有亲情牵念的家庭，将会是一件十分难受的事。相反的，即使事业不顺、收入不丰，却能关注家人，维持美满的家庭关系，我们仍能拥有无上的幸福感。

金句补给站 ▶ 任何公众生活的成功都无法弥补家庭生活的失败。
—— 本杰明·迪斯雷利，十九世纪英国首相
"No success in public life can compensate for failure in the home."
—— Benjamin Disraeli

和乐的幸福

"人生最大的幸福就是一家和乐。没有什么比得上圆满的亲子、兄弟、师徒、朋友间的爱。"

——野口英世

"人生の最大の幸福は一家の和楽である。円満なる親子、兄弟、師弟、友人の愛情に生きるより切なるものはない。"

野口英世（1876～1928）是全球知名的日本细菌疫苗专家，致力于梅毒螺旋体的培养与研究，有"日本医圣"之称。他的肖像自 2004 年起取代作家夏目漱石，成为日本千圆钞票上的人像。至非洲考察黄热病时，染病去世。

野口英世出生于日本福岛县一个贫农家庭，左手因小时候不慎遭暖炉烫伤而萎缩残缺，后来接受留洋归国的医师渡部鼎做手术，才脱离饱受嘲笑的生活，他也因而决定走上习医之路。中学毕业后，他曾在渡部鼎手下当药剂见习生，学习的同时偿还医药费。他以拿破仑一天晚上只睡三个钟头为座右铭，"拿破仑第二"就成了他的绰号。他不断学习英语、法语、德语和西班牙语，直到能讲、能写，同时奠立了良好的医学知识基础。

20 岁时，野口英世到东京进修，通过了医师开业执照的考试。24 岁时他前往美国，成为洛克菲勒医学研究所（Rockefeller University）的一员，负责血清的研究。四年后，他发现梅毒螺旋体，一跃成为世界名人。1927 年，他从纽约前往西非的黄金海岸，准备深入研究黄热病，但不幸染上此病，一去不回。

野口英世的观点与艾柯卡近似，他认为人生最大的幸福在于"一家和乐"，人若能拥有圆满的亲子、兄弟、师徒、朋友关系与情谊，会比任何财产或成就来得让人快乐。这些人都是我们最亲近、最常互动的人，如果和他们都无法透过沟通与互信而使关系圆满，我们又将如何和这世界互动，活出快乐幸福的人生呢？

> 金句补给站 ▶ 无论你是国王还是农民，只要家庭和乐，都是最幸福的。
> ——歌德，德国文学家
> "He is happiest, be he king or peasant, who finds peace in his home."
> — Johann Goethe

尊重家人

"真正把家人连系起来的不是血缘,而是能彼此尊重与享受家里其他成员的生活。"

Richard Bach

——理查德·巴赫

"The bond that links your true family is not one of blood, but of respect and joy in each other's life."

巴赫（1936～　）是美国作家和飞行员，著有代表作《海鸥乔纳森》(Jonathan Livingston Seagull)、《幻相》(Illusions)、《没有一个地方叫远方》(There's No Such Place As Far Away)、《跨越永恒之桥》(The Bridge Across Forever: A Love Story)、《弥赛亚手记——遗落的先知备忘录》(Messiah's Handbook: Reminders for the Advanced Soul)等书。

巴赫出生于美国伊利诺伊州（Illinois），是德国名作曲家巴赫（Johann Sebastian Bach）的远房晚辈。他是美国空军上校，曾任空军战斗机飞行员，后来投入特技飞行。他常在飞行杂志及一般性刊物上发表文章，几乎所有著作都与飞行有关。

他的励志寓言《海鸥乔纳森》一书出版于1970年，全球畅销。书中描写海鸥乔纳森（Jonathan）"为飞而飞，不为食物而飞"的励志故事。乔纳森不甘心当一只在沙滩上抢食小鱼、面包屑的海鸥，而相信生活的意义绝不仅在填饱肚子。它要追寻更高的生活目标，即使被逐出鸥群，也不放弃学习更高境界的飞行。在同伴的冷嘲热讽下，它坚持追求理想，练习不同的飞行花式，希望能体会到飞翔的快乐与自由，甚至刷新每小时107公里的记录。

许多家庭里的父母、子女、兄弟，虽然有血浓于水的血缘关系，却因故而互不交谈，甚至吵架、打架，老死不相往来。所以巴赫才会认为，徒有血缘无法把家庭成员真正连系起来，必须靠每位成员尊重其他成员的生活，进而享受其他成员的生活，才能成为真正的家人。许多做父母或子女的往往过于自私或自我中心，只知自我享受，而忽略了对其他家人的尊重。

> 金句补给站 ▶ 认识你才一分钟的朋友，会比认识你一千年的相识者还了解你。
> ——理查德·巴赫，《海鸥乔纳森》作者
> "Your friends will know you better in the first minute they meet you than your acquaintances will know you in a thousand years."
> —— Richard Bach

笑容增加亲密

"相视而笑,对妻子笑,对丈夫笑,对孩子们笑,彼此微笑,别管那是谁。因为,小小笑容就能大大增进你们之间的感情。"

Mother Teresa

——特蕾莎修女

"Smile at each other, smile at your wife, smile at your husband, smile at your children, smile at each other -- it doesn't matter who it is -- and that will help you to grow up in greater love for each other."

特蕾莎修女（1910～1997）是全心为穷人服务达半世纪的宗教家、慈善家和教育家，毕生以印度加尔各答（Kolkata）为中心，及于非洲、亚洲、南美洲等地，默默照顾一群最容易被遗忘的人，让他们感到被爱且有尊严。她曾获颁1979年的诺贝尔和平奖。

特蕾莎修女出生于阿尔巴尼亚（Republic of Albania），12岁就立志到国外传教，18岁加入爱尔兰的社区修女会，接受数个月训练后，前往印度加尔各答，在圣玛莉高中从事教职，后来成为终身修女。为替穷人服务，她自己也只穿三套印度贫民的传统衣服，不穿袜子，只穿凉鞋，吃住都很简单，感动了许多义工和团体加入。

1950年，她在加尔各答创立"仁爱传教修女会"（Missionaries of Charity），给穷人中的穷人食物及悉心的照料。1952年，她又在加尔各答的卡里（Kali）神庙旁成立世界知名的"垂死之家"（Home for the Dying），收容无家可归、年长和重症的贫困病患，让他们在临终前能得到一些人间温暖和爱，安祥离开人世。1979年，特蕾莎修女获颁诺贝尔和平奖，但她认为自己"不配"，还婉拒接受奖金，只希望全球有更多人能发挥爱心，了解与帮助贫困的人。

很多人只知道在外对同事、朋友微笑，回家却没有对自己最亲近的家人微笑。他们或许觉得"都这么熟了，没必要吧"，或是因为其他理由而没有这么去做。其实，愈是亲近的人，愈需要一个微笑提升彼此的亲密感。方法虽然简单，成效却可以很大。今天回家，就向家人试试有如魔法一般的一抹笑容吧！

金句补给站 ▶ 家庭与爱必须像花园一样来灌溉。你必须经常运用时间、努力以及想象，才能让任何人际关系开花与成长。
—— 吉姆·荣恩，美国激励哲学大师
"Your family and your love must be cultivated like a garden. Time, effort, and imagination must be summoned constantly to keep any relationship flourishing and growing."
—— Jim Rohn

拥有朋友的奇效

"没有了朋友,世界不过是荒原而已。与朋友分享快乐,快乐会加倍;向朋友诉说苦痛,苦痛会减半。"

Francis Bacon

——弗朗西斯·培根

"Without friends the world is but a wilderness. There is no man that imparteth his joys to his friends, but he joyeth the more: and no man that imparteth his grieves to his friend, but he grieveth the less."

培根（1561～1626）是英国唯物主义哲学家、散文家和政治家，他是近代归纳法的创始人，曾受封爵士，并担任英王掌玺官与大法官，著有《学术的进展》(The Advancement of Learning)、《培根随笔集》(Essays)、《新亚特兰提斯》(The New Atlantis)等书。

培根出生于英国伦敦的贵族家庭，父亲是爵士，曾担任英王掌玺官。他在12岁进入剑桥大学三一学院（Trinity College, Cambridge）就读，后担任英国驻法大使的随员，在18岁父亲去世时辞职回国。同年他开始攻读法学，在20岁时取得律师资格。1603年，42岁的他受封为爵士，并于1617年成为与父亲一样的掌玺官，同年成为大法官。后来他被检举受贿而认罪辞职，从此在家专事写作。

培根在重要著作《学术的进展》一书中批判了贬损知识的蒙昧主义，并从宗教、国家、社会发展、个人德行等方面论证知识的重要作用与价值。他有一句大家常用的名言——"知识就是力量"（Knowledge is power.）。培根也是归纳法的倡导者，他认为要获得真正的知识，就必须收集相关资料，透过分析、比较、研究、归类等过程，归纳出一套原理或原则。

正如培根所言，真正的朋友其实可以有很神奇的功效，他们可以让你在分享快乐后更为快乐，让你在诉说苦痛后减少苦痛。不但他们对你可以有这样的效果，你对他们也可以有这样的效果。如果没有了朋友，只是一个人孤独地活着的话，这些神奇的功效，就永远不会发生了。

> 金句补给站 ▶ 没有什么比远方的朋友更能让地球宽广的。是他们造就了纬线与经线。
> —— 亨利·戴维·梭罗，美国作家、超验主义者
> "Nothing makes the earth seem so spacious as to have friends at a distance; they make the latitudes and longitudes."
> — Henry David Thoreau

主动交友

"主动对人有兴趣而在两个月内交到的朋友,会比想让别人对你有兴趣而在两年内交到的朋友多。"

——戴尔·卡耐基

"You can make more friends in two months by becoming interested in other people than you can in two years by trying to get other people interested in you."

卡耐基（1888～1955）是美国作家、演说家，也是卡耐基训练机构创办人。他开发许多技巧，教人自我提升、培养人际技巧、演说技巧、销售技巧。他的作品有《如何赢取友谊与影响他人》《成功有效的团体沟通》《如何停止忧虑开创人生》《鲜为人知的林肯》等。

卡耐基出生于美国密苏里州（Missouri）的贫穷农家，小时候成绩普通，比较擅长演说，高中和大学时都活跃于演辩社。毕业于密苏里州立瓦伦堡师范学院后，他当过卖培根、猪油、肥皂的业务员，也跑到纽约当过演员，都没有闯出名堂。

23岁那年，他开始在基督教青年会YMCA开班教别人演说。由于内容实用，愈来愈受欢迎。隔年他成立"卡耐基训练机构"（Dale Carnegie Training），帮企业培养人才，也教个人提升自己，目前在全球有80国的超过800万人接受过卡耐基训练。1936年，卡耐基出版《如何赢取友谊与影响他人》一书，讲一些人际沟通的技巧与策略。原本只印了5000本，结果轰动全美，雄踞《纽约时报》畅销书排行榜达十年之久，现已翻译成42种语言，在全球销售逾1500万本。

在交朋友的时候，主动释放出对别人的兴趣而出击，绝对会比坐着等别人来找你，要有效得多。只要你愿意多花时间了解对方的兴趣、嗜好、个性，他们可以很快和你变成朋友；但如果你是等别人来了解你的兴趣、嗜好、个性，可就像守株待兔一样，说不准什么时候才会有成果了。

金句补给站 ▶ 交友的唯一方式在于使自己成为别人的朋友。
——爱默生，美国思想家
"The only way to have a friend is to be one."
—— Ralph Waldo Emerson

朋友贵在知心

"一生有一个朋友已经不少;两个就很多了;三个几乎不可能。"

Henry Brooks Adams

——亨利·布鲁克斯·亚当斯

"One friend in a lifetime is much; two are many; three are hardly possible."

亚当斯（1838～1918）是美国历史学家、记者和小说家，著有自传《亨利·亚当斯的教育》(The Education of Henry Adams)、九卷获得好评的《美国史》(The History of the United States of America)，以及《蒙特·圣米歇尔及莎特尔》(Mont-Saint-Michel and Chartres)、小说《民主》(Democracy)、《艾舍尔：一本小说》(Esther)等作品。

亚当斯出生于美国马萨诸塞州的波士顿，家世显赫，曾祖父约翰·亚当斯（John Adams）与祖父约翰·昆西·亚当斯（John Quincy Adams）分别担任过美国第2届与第6届总统，父亲也曾在南北战争期间担任过驻英公使。亚当斯毕业于哈佛大学，后前往欧洲游历，其间曾在柏林大学修习民法。曾担任记者与编辑，对当时美国政治极为不满，1870年至1877年间，他曾担任七年的哈佛大学中世纪史教授。

亚当斯的自传《亨利·亚当斯的教育》在1907年就自费印刷，但迟至1918年才公开问世。该书是以第三人称写的自传，内容有三大部分的交织：个人传记、教育养成及对当代的评论，是西方传记文学的一大经典。

朋友的好坏，不在于朋友人数的多寡，而在于友谊的质量。要交到泛泛之交并不难，但大家可能只是一起玩乐，就什么也没有了。真正的知心之交，是一种能了解彼此深层想法的细腻友谊，反而未必和一起玩乐扯上关系。朋友贵在知心，而不在多；结交朋友时，应该把这一点谨记于心。

> 金句补给站 ▶ 我父亲过去常说，在你死前如果能交到五个真心朋友，你这辈子就完美了。
> ——李·艾柯卡，前福特汽车总裁与克莱斯勒汽车董事长
> "My father always used to say that when you die, if you've got five real friends, then you've had a great life."
> — Lee Iacocca

患难见真情

"友谊是一棵成长缓慢的植物,必须遭逢与承受逆境冲击,才称得上朋友。"

George Washington

——乔治·华盛顿

"When one door of happiness closes, another opens; but often we look so long at the closed door that we do not see the one which has been opened for us."

华盛顿（1732～1799）是美国国父，也是美国第1届总统，于1789年至1797年在位。美国1775年至1783年的独立战争期间，他担任大陆联军总司令。虽然相传华盛顿小时候曾砍下樱桃树，然后诚实地向父亲认错，但许多美国历史学家都认为这个故事纯属虚构，可能是1860年最早披露那段故事的马里兰州传教士帕森·威姆斯（Parson Mason Locke Weems）想宣扬华盛顿的诚实正直而瞎编的而已。

华盛顿出生于弗吉尼亚州（Virginia），父亲是经营烟草农场的地主，在当地拥有面积广大的农场。15岁时他学习测量技术，后从事了三年的政府测量员。19岁时英法为争夺北美利益开战，他因而加入英军参与战役。战后，胜利的英国国库空虚，在北美课取重税，引发北美殖民地人民的反弹，他也开始对英国感到反感。1775年第二次大陆会议时，他被任命为大陆联军总司令，除抗击英军外，也克服了内部反叛、分裂等无数问题，奠定美国独立的基础。

独立战争结束后，华盛顿被选为美国第1届总统，于1789年4月30日宣誓就职。他曾连任一届，但后来拒绝蝉联第3届，在声名如日中天时主动放弃权力，辞职在维农山庄（Mount Vernon）过着悠闲的农场生活。他谦冲自牧的做法，也建立日后美国总统任期一般不超过两届的惯例。

华盛顿认为，历经考验仍屹立不摇的，才能算是真正的友谊。如果一个人在大难临头时只顾着自己逃窜，完全不管朋友的死活，事后再想让友谊继续存在，恐怕也非易事。俗话说"疾风知劲草"，友谊也一样，如果你没有把握做到在任何状况下都坚定不移支持朋友，那还是别欺骗别人的友情吧！

金句补给站 ▶ 友谊的深厚不在于认识期间的长短。
——泰戈尔，印度籍诺贝尔文学奖得主
"Depth of friendship does not depend on length of acquaintance."
— Rabindranath Tagore

用心交友

"友谊如财富,易求难守。"

Samuel Butler

——塞缪尔·巴特勒

"Friendship is like money, easier made than kept."

巴特勒（1835～1902）是19世纪英国知名小说家、小品文作家和批评家，著有《乌有之乡》(*Erewhon*)、《重游乌有之乡》(*Erewhon: Revisited*)、《众生之路》(*The Way of All Flesh*)、《生命与习惯》(*Life and Habit*)等作品。萧伯纳曾盛赞他为"19世纪后半叶最伟大的英国作家"。

巴特勒出生于英国，在剑桥大学修习古典文学，以优异成绩毕业。父亲希望他成为牧师，他却回剑桥继续学习音乐和绘画。两人争吵后，他自己移民到新西兰创办牧羊场。29岁时他回到英国，定居伦敦。

他最知名的作品是出版于1872年的小说《乌有之乡》，描述的是在一个幻想国度中游历的故事，预示出对永恒进步所抱持的幻想破灭。书名近似于"不存在的地方"（nowhere，拉丁文写为utopia，也就是"乌托邦"）一词的倒拼。另一部作品《众生之路》是他在1873年至1884年间所写的自传体讽刺小说，但在去世隔年才出版。书中结合他在宗教、经济与哲学方面的观念，叙述从令人精神窒息的家庭气氛中出走的故事。在反维多利亚思潮初期，这部小说带来很大的影响。

巴特勒把朋友比喻为钱。钱只要努力工作就会有，但大笔花掉可能只是几分钟的事。朋友也像钱一样，要交朋友或许不难，但如果没有用心经营，或是没有真心对待朋友，而只想利用朋友，从朋友身上获得好处的话，这样的友谊不会长久。就像理财必须善加计划一样，友谊的经营，也必须投以真心，时时耕耘。

> **金句补给站** ▶ 真正的友谊犹如健康，只有失去时，才会意识到它的价值。
> —— 柯顿，英国作家
> "True friendship is like sound health; the value of it is seldom known until it be lost."
> —— Charles Caleb Colton

坚定维持友谊

"交朋友别太急;但交到朋友后,就要坚定而不变地维持友谊。"

Socrates

——苏格拉底

"Be slow to fall into friendship; but when thou art in, continue firm and constant."

苏格拉底（前470～前399）是希腊三哲人之一，也是西方哲学之祖。他与学生柏拉图（Plato）、柏拉图的学生亚里士多德（Aristotle）共同奠定了西方文化的哲学基础。他在逻辑学上有两大贡献，一是注重"普遍的定义"，一是注重"归纳的论证"。为维护客观真理价值，苏格拉底与诡辩派激辩，被控以邪说惑众及对神灵不敬，后遭判服毒而死。苏格拉底未留下任何著作，有关他的哲学思想与生平，多来自于其学生柏拉图所著的几篇对话录，以及色诺芬（Xenophon）的《回忆苏格拉底》（*Memorabilia*）。

苏格拉底出生于雅典，父亲是石匠，母亲是产婆。他常说自己的谈话艺术就像为人接生一样，他的工作就是帮助人们"生出"正确的思想，因为真正的智慧来自内心，而不是得自别人的传授，认为"研究水、天文、数学都不会产生真知识，真知识来自于人对自己的认识"。他偏重于自我省察的哲学，以"教育百姓"为一生最重要的责任，擅长透过对话启发他人思想。他一生耗费大半时间在路上与人交谈，常带着学生与一般贩夫走卒一起寻找答案。苏格拉底看重概念知识而不强调经验知识，他要人们别依赖感觉，而要凭借心灵与思维。

很多人认为交朋友可以很快速，只要一起吃个饭、唱个K就熟起来，就是朋友了，但接着却只是维持一起玩乐的酒肉朋友关系，没有再进一步深耕彼此的友谊。苏格拉底认为，朋友可以不用急着交，而应该慢慢培养友谊；不过一旦成为朋友，就应该与对方保持联系，深入分享对方的一切，让友谊细水长流。这样，会比交些只能一起享乐，却无法一起共患难的肤浅朋友，要有意义得多。

金句补给站 ▶ 摧毁敌人的最佳方式是让他成为朋友。
—— 林肯，第16任美国总统
"The best way to destroy an enemy is to make him a friend."
— Abraham Lincoln

瀚·心灵系列图书推荐 ▶▶▶

英国心理自助畅销书作家史蒂芬·瑞查得带你走进自己的心灵花园……

心灵修复与心灵成长 译丛

《宽恕和爱：如何治愈情感脆弱的自己》

（英）史蒂芬·瑞查得 著
窦春霞 程慧 译

海天出版社 出版时间：2014.11
定价：28.00元

在生活中，你会对别人首先发出友好信号，首先点头，首先微笑，首先说话吗？如果有必要，你会首先去宽恕吗？

英国心理自助畅销书作家史蒂芬·瑞查得带你走进自己的心灵花园……

漫步于记忆之旅，让大脑带我们回到尽可能久远的岁月，从婴儿时期一直回忆到现在。漫步于宽恕的花园之中，采撷一朵宽恕之花，宽恕你曾经所做的一切。当你漫步在当下时，请彻底地宽恕你整个一生并对手中采到的花束嫣然一笑，因为它真的很美丽。就像其他所有人一样，无论是男人还是女人，黑人还是白人，年轻人还是老年人，你会很自然地犯错。这些错误便是你的学校，宽恕就是这所学校中最好的老师。

瀚·心灵系列图书推荐 ▶▶▶

★ **全美销量超过 100000 册** ★

24 小时，24 个阶段，完美实现命运逆袭

你期待的生活离你现在只有 24 小时之遥

这里有明确的、实操性极强的观点，这里有充满正能量的故事，它们将帮你指明通往期望之地的捷径。你准备好了吗？

心灵修复 与 心灵成长 译丛

《命运逆袭：改变命运的 24 小时》

(美)吉姆·亨特里斯， (美)尼尔·埃斯科林　著
程慧　李冠群　译

海天出版社　出版时间：2014.11
定　价：32.00 元

改变命运的关键在于第一步——下定决心。只要下定了决心，一切皆有可能。也许下定决心只需要短暂一刻，但是它会影响你终身。

本书通过有效实际的建议和鼓舞人心的案例，告诉你如何抓住生命的无限可能。在 24 小时中，你将会：

　制定切实的目标
　摒弃你的坏习惯
　提升你的自尊心
　控制你的焦虑和恐惧
　增强你的进取心
　妙用时间与金钱
　为卓越与正直而努力
　开发你的幽默感与热忱度
　实现每天自我审视
　……

作者简介：

吉姆·亨特里斯，在北卡罗来纳州大学研究生院从事心理治疗与训练工作。他不仅是一个心理辅导员，同时也是一位公众演说家，曾著《逃跑：来自生活最大陷阱的自由》。

尼尔·埃斯科林，杰出的励志演说家和畅销书作家，曾著《你生活在一个说"不"的世界》《当你不知道该做什么的时候，就该做点什么》《坚持的 101 个承诺》。

瀚·心灵系列图书推荐

国内第一部详细介绍大脑恢复力的专著：正念·移情·大脑恢复力

★ 18位知名大学心理学博士兼作家隆重推荐 ★

《强势回归：重建大脑恢复力，抵达幸福彼岸》

（美）琳达·格雷厄姆 著
王云霞 译

海天出版社　出版时间：2014.11

定价：45.00元

> 在一本书上市之前称之为经典有点为时过早，但《强势回归》已经具备了成为经典的一切要素：富于智慧、慈悲为怀、对生活有益、实用性强并且研究充分翔实。
> —— 丹尼尔·艾伦伯格，博士，美国航天局心理治疗项目主管

> 在这本书中，琳达·格雷厄姆用清晰、易懂的语言，综合现代心理学的观点、古老的传统智慧以及神经生物学的原理告诉读者如何变得更像竹子一样柔韧坚强。全书引用了鼓舞人心的语句，列举了循序渐进的系列练习，融入了作者多年从事心理治疗的职业经验，帮助人们走出悲伤和失望情绪，活得更丰富、更快乐、更充实。
> —— 罗纳德·D·西格尔，博士，哈佛大学医学院临床心理学助理教授，《正念解决方案：日常问题每日练》作者

> 无论我到哪里、服务什么样的人群，我发现滋养恢复力来抵消日常生活的紧张压力是我们的首要任务。因此我感谢琳达·格雷厄姆，她写的这本书就像编织了一幅令人惊奇的"挂毯"，她陈列了经受时间考验的思考和练习，把这些融入日常生活对我们至关重要。《强势回归》是一份资源指南，我将珍惜并期待传递给我的所有学生、客户和进修老师。
> —— 理查德·米勒，博士，美国临床心理学家和综合修复协会会长

> 《强势回归》是一本发自内心的全方位指南，指导你如何利用思维意识来改变你的大脑，与此同时，你会体验到奇妙的不断向上的幸福感。
> —— 卡桑德拉·菲藤，博士，思维科学研究所的执行主任、加州太平洋医疗中心研究所研究员、《生活在心灵深处》一书合著者，《初为人母与正念练习》作者

作者简介

琳达·格雷厄姆，婚姻与家庭治疗师，心理治疗师，正念培训老师，神经科学和人际关系学专家。她还出版了电子快讯月刊《治疗与唤醒活力》。

更多详情可登录：http://lindagraham-mft.net